乡村旅游中的公共设施设计

范振坤　著

中国纺织出版社

内 容 提 要

旅游在给乡村带来发展的同时，对其公共服务设施的建设，尤其是旅游相关的公共服务设施的配置与布局提出新的要求，乡村旅游原有公共服务设施不完善的配置和不合理的布局现状越来越不适应旅游发展的需要。本书分别从乡村旅游公共设施设计新理念、乡村旅游公共设施规划原则及策略、乡村旅游现状调研及分析、乡村旅游公共设施改造等四个方向来完成乡村旅游中公共设施设计，完善乡村旅游公共服务设施的合理配置，改善公共服务设施的合理布局，促进乡村旅游发展。

图书在版编目（CIP）数据

乡村旅游中的公共设施设计 / 范振坤著. -- 北京 : 中国纺织出版社, 2019.11

ISBN 978-7-5180-5652-1

Ⅰ. ①乡… Ⅱ. ①范… Ⅲ. ①乡村旅游—基础设施建设—设计—研究 Ⅳ. ①TU26

中国版本图书馆CIP数据核字(2018)第262685号

责任编辑：郭婷　　责任校对：王蕙莹　　责任印制：储志伟

中国纺织出版社出版发行
地址：北京市朝阳区百子湾东里A407号楼　邮政编码：100124
销售电话：010—87154422　传真：010—87155801
http：//www.c-textilep.com
E-mail：faxing@c-textilep.com
中国纺织出版社天猫旗舰店
官方微博 http：//weibo.com/2119887771
三河市宏盛印务有限公司印刷　　各地新华书店经销
2019年11月第1版第1次印刷
开本:710×1000　1 / 16　印张:5.75
字数:120千字　　定价:38.00元

PREFACE 前言

旅游在给乡村带来发展的同时，对其公共服务设施的建设，尤其是对旅游相关的公共服务设施的配置与布局提出新的要求。乡村旅游原有公共服务设施不完善的配置和不合理的布局越来越不适应旅游发展的需要。笔者通过对乡村旅游公共设施调研分析，提出了一些改善方案，完善乡村旅游公共服务设施的配置，改善公共服务设施的布局，促进乡村旅游发展，为相关人员研究提供参考。

本书共分六章，第一章概述乡村旅游中公共设施研究现状、背景与意义。第二章提出乡村旅游公共设施设计新理念，提出几种公共设施的设计方案。第三章对乡村旅游公共设施规划原则及策略进行研究，内容包括乡村旅游中公共设施规划原则、配置优化策略及实施与管理优化策略。第四章介绍了大理小城镇、福建龙岩连城县、宁夏中卫市沙坡头乡村的旅游中公共设施整体概况，对其现状及存在的问题进行分析，并对乡村居民与游客的行为进行研究。第五章对乡村旅游公共设施改造进行简述，提出新观点。第六章介绍了乡村旅游村镇公共设施改造及政策影响。

笔者希望通过对乡村旅游中公共设施设计的研究，进一步改善乡村旅游生态环境，营造特色的秀美乡村。书中不免有疏漏、不当之处，还请广大读者加以指正。

范振坤

CONTENTS 目录

第一章

绪论

第一节　乡村旅游中公共设施研究的背景和意义

一、研究背景

旅游产业是我国经济社会发展的重要产业之一，伴随西部大开发战略的实施，中国旅游业发展战略逐渐西移；生活水平与质量的改善也极大地提高了人们对旅游业的参与积极性。旅游业的快速发展不仅体现在经济的大力推动方面，而且伴随社会的飞速发展与人们对外界观念的更新，旅游产品形态和类型也拓展到更宽广的领域，我国提出应“推动旅游业特色化发展和旅游产品多样化发展，全面推动生态旅游，深度开发文化旅游”，乡村资源被作为一种旅游资源来开发就是其中的代表。

20世纪80年代以来，乡村旅游作为一种新兴的旅游方式进入人们的视野，目前我国已拥有一批等级高、质量优、管理佳的乡村旅游景区，具有很好的发展前景。

目前，我国乡村旅游仍处于初级开发阶段，存在较多问题，只有深入研究解决这些问题才能让乡村旅游业更好地发展。对乡村旅游公共设施研究有助于乡村旅游景区更好地整合资源、设计产品和开发市场，进而走可持续发展之路。

二、研究意义

城市化进程中乡村的发展是历史进程中的必然，目前我国已经出现城乡分化、人口老龄化现象严重，以及国内乡村旅游规划良莠不齐等问题，通过研究国内外先进理论和技术方法，将理论与实际案例结合，我们会形成城乡统筹下的多元化、多产业融合的乡村旅游，为提升乡村旅游规划设计提供有指导意义的系统性框架体系。

乡村旅游是集村民生活、休闲娱乐、养生养老、农业观光、商业贸易等于一体的产业化发展模式，对城市与乡村互利共赢发展意义重大，主要意义表现在以下三点：

1. 城乡一体化发展

城乡一体化是中国现代化和城市化发展的一个新阶段，城乡一体化就是要把工业与农业、城市与乡村、城镇居民与乡村村民作为一个整体，统筹谋划、综合研究，通过体制改革和政策调整，促进城乡在规划建设、产业发展、市场信息、政策措施、生态环境保护、社会事业发展的一体化，改变长期形成的城乡二元经济结构，实现城乡在政策上的平等、产业发展上的互补、国民待遇上的一致，让农民享受到与城镇居民同样的文明和实惠，使整个城乡经济社会全面、协调、可持续发展。

2. 完善乡村农业体系结构调整

目前，我国在改变农业产业结构、提升农业生产效率方面难度较大，主要原因是各级政府对未完成农用地转让的土地都视作乡村农业土地结构调整的范围，由此导致涉及面过广、数量增加较多。所以说，乡村旅游规划后，农业用地将通过整合得以集中开发，通过机械化种植将大大提升生产效率，并提高土地利用率，乡村旅游的出现将为农业体系结构调整提供纽带作用。

3. 提升乡村旅游规划设计方法

我国正处在乡村旅游规划的发展期，相关理论层出不穷，成功案例也各具特色，本书从合理规划角度出发，融合各理论的先进性，以城乡统筹的理论为指导依据，实现乡村经济效益与人居环境效益的齐头并进，将乡村旅游业提上更高层次的台阶。

第二节　乡村旅游中公共设施研究现状

随着全国旅游业的日益发展，各地旅游景区如雨后春笋般迅速增多，其整体配套设施（如信息系统、交通系统、卫生系统、休息系统等设施）也正在逐步完善。但在这个过程中，难免有个别景区的公共设施不齐全，千篇一律，缺乏地域文化特色等情况，因此很难突出景区自身的特点，更谈不上树立景区的品牌形象。合理的景区公共设施不仅能够满足游人在景区内游玩的一系列需求，而且在某种程度上能够帮助景区建立良好的形象，同时也能起到一定的广告宣传作用。因此，旅游风景区的公共设施设计显得尤为重要。以下为以黑龙江省农场型旅游地为例对公共服务设施现状进行研究。

一、类型单一的旅游农业设施

调研的三个农场基本都是以规模宏大的现代农业示范园为主，但农业旅游设施的类型和承载的旅游活动较为单一。一味追求农业示范园规模的宏大成为黑龙江省农场旅游型小城镇旅游农业设施的建设趋势。这种趋势造成了对农场旅游内涵挖掘的缺乏和旅游农业设施类型的单调。

二龙山农场是以现代农业观光为主，度假休闲活动以大棚蔬菜瓜果采摘为主；宁安农场也是结合了现代农业观光和蔬菜瓜果采摘的综合型农业示范园；海林农场是结合靠近双峰水库农场度假区的旅游住宿设施，规划建设滨湖生态观光花果园等旅游农业设施。类型单一的旅游农业设施使得黑龙江省农场型旅游小城镇并不构成足够的吸引力来吸纳旅游者前来旅游，甚至只能吸引周边大型景区的过路游客进行走马观花式的旅游。这三个农场的旅游农业设施统计情况如表1-1 所示。

表 1-1　三个农场旅游农业设施调查统计汇总

公共服务设施类型		二龙山农场		海林农场		宁安农场	
		数量	设施说明	数量	设施说明	数量	设施说明
旅游农业设施	观光农业设施	1	国家级现代农业示范区	1	滨湖生态观光花果园	1	综合型现代农业示范园
	体验农业设施	1	现代农业示范园内的露天采摘设施	3	农业采摘大棚 2 处、露天花果园 1 处	1	综合型现代农业示范园
	休闲农业设施	—	—	—	—	1	综合型现代农业示范园

二、中低档为主的旅游商业设施

旅游商业设施主要包括旅游住宿设施、旅游餐饮设施和旅游购物设施三部分。

关于旅游住宿设施和旅游餐饮设施，被调研各农场小城镇的住宿餐饮设施主要包括规模型宾馆、小旅馆、旅游接待中心等设施类型，旅游餐饮设施的类型包括规模型饭店和小餐馆。经过实地调研发现，黑龙江省各农场的旅游住宿设施组成基本都是以中低端小旅馆为主，规模型商务宾馆或旅游接待中心的数量在一个农场小城镇一般只有一个，且接待能力远远不能满足需求。此外，各个旅游住宿设施的分布分散，缺乏规律。旅游餐饮方面，规模型饭店数量也较少，接待能力较差，而特色不足、卫生条件差的小饭馆较多，如图1-1 所示。

（a）海林农场沿街小饭馆　　（b）二龙山农场宾馆　　（c）宁安农场生态餐厅

图1-1　黑龙江省农场型旅游小城镇旅游商业设施

关于旅游购物设施，黑龙江省农场型旅游小城镇的旅游购物设施很少。特别是在农场小城镇内部，更是缺乏成规模体系、具有现代农业旅游特色的商业购物设施。这三个农场的旅游商业设施统计情况，如表1-2 所示。

表1-2 旅游商业设施调查统计汇总

<table>
<tr><th colspan="2" rowspan="2">公共服务设施类型</th><th colspan="2">二龙山农场</th><th colspan="2">海林农场</th><th colspan="2">宁安农场</th></tr>
<tr><th>数量</th><th>设施说明</th><th>数量</th><th>设施说明</th><th>数量</th><th>设施说明</th></tr>
<tr><td rowspan="2">主要旅游商业设施</td><td>旅游住宿设施</td><td>16</td><td>规模型宾馆 1 个，小旅馆 15 个</td><td>7</td><td>规模型度假社区 2 个，小旅馆 5 个</td><td>7</td><td>规模型宾馆 2 个，小旅馆 5 个</td></tr>
<tr><td>旅游餐饮设施</td><td>32</td><td>规模型饭店 4 个，小饭馆 28 个</td><td>54</td><td>规模型饭店 3 个，小饭馆 51 个</td><td>25</td><td>规模型饭店 5 个，小饭馆 20 个</td></tr>
</table>

此外，在被调研的黑龙江省农场型旅游小城镇中，海林农场借助场部风格鲜明的建筑，重点打造“北欧度假村”，发展度假农场模式旅游。为此，海林农场小城镇规划建设了农场度假社区和双峰水库度假区，作为其主要的旅游住宿设施。其中双峰水库度假区的建设已初具规模；度假社区以独立小区的形式进行规划建设，目前正在建设中。在布局上，海林农场场部内的“北欧度假村”度假住宿设施与农场居民生活完全分离，将度假旅游从农场居民生活空间中剥离出来。

三、季节性波动的旅游公共服务设施使用状况

由于这些农场大多以农业观光和农产品采摘为主，而农场景观和农场劳作活动跟随季节变换，这使得这些农场的旅游活动一般只集中于农场景观丰富和农业劳作集中的季节，这些季节会成为明显的旅游旺季。相对地，在农场景观单一和农场劳作活动分散的一般性季节，则会出现旅游淡季。

农业旅游的淡旺季交替同样带来了旅游公共服务设施经营状况的淡旺季。以农业观光旅游为主的二龙山农场旅游小城镇，旅游吸引点主要以春夏两季农业种植景观和现代农业劳作过程为主，因此其旅游旺季主要集中在5 月至8月；以有机农业采摘旅游为主的海林农场旅游小城镇，旅游吸引点主要以夏秋两季农产品采摘为主，因此其旅游旺季主要集中在6 月至8 月；以现代农业观光旅游和有机农业采摘旅游为主的宁安农场旅游小城镇，旅游吸引点主要以春夏秋三季农产品采摘为主，因此其旅游旺季主要集中在5 月至10 月。

第二章

乡村旅游公共设施设计新理念

第一节　乡村旅游公共设施分类

一、公共设施概念

公共设施是指为市民提供公共服务产品的各种公共性、服务性设施，按照具体的项目特点可分为教育、医疗卫生、文化娱乐、交通、体育、社会福利与保障、行政管理与社区服务、邮政电信和商业金融服务等。

公共设施是由公共政府提供属于社会的公众享用或使用的公共物品或劳务。按经济学的说法，公共设施是公共政府提供的公共产品。从社会学来讲，公共设施是满足人们公共需求（如便利、安全、参与）和公共空间选择的设施，如公共行政设施、公共信息设施、公共卫生设施、公共体育设施、公共文化设施、公共交通设施、公共教育设施、公共绿化设施、公共屋等。城市公共设施不同于乡村公共设施，具体来说，城市公共设施是指城市污水处理系统、城市垃圾（包括粪便）处理系统、城市道路、城市桥梁、港口、市政设施抢险维修、城市广场、城市路灯、路标路牌、城市防空设施、城市绿化、城市风景名胜区、城市公园等。

二、乡村旅游公共设施定义

侯军岐、任燕顺、李贵成、冉世勇、孙开等从新乡村建设的角度定义乡村旅游公共设施，认为乡村旅游公共设施是乡村旅游建设的重要物质基础，为乡村旅游经济发展提供公共服务的各种硬件设施，是促进社会主义乡村旅游建设的基础支撑。

刘钊、毛燕玲、彭代彦、王悦、薛飞、黄勇民、李军等从农业生产、农民生活以及乡村旅游发展的角度定义乡村旅游公共设施，他们认为乡村旅游公共设施是为农业生产、农民生活以及乡村旅游发展提供公共服务的设施的总称，其使用期限较长。

对于乡村旅游公共设施的定义，不同学者从不同角度研究有其不同的界定，本书基于乡村旅游公共设施即为农业生产、农民生活、乡村旅游发展提供公共服务的各项要素的总称这一定义来界定乡村旅游公共设施。

三、乡村旅游公共设施分类

关于乡村旅游公共设施的分类，不同学者从不同的角度进行研究时做了不同的分类，主要从服务对象、性质、功能、形态、效益、投资目的等方面进行划分。表2-1是对国内学者研究分类结果整理列出了乡村旅游公共设施分类结果。

表 2-1　乡村旅游公共设施分类

分类标准	分类结果	分类说明
性质	生产服务性设施	如水利设施等
	生活服务性设施	如医疗、文化设施等
	生产生活服务设施	如教育、道路和通信设施等
服务对象	农业生产设施	如农田水利设施
	农民生活设施	如乡村电力设施
	乡村社会事业设施	如医疗卫生设施
效益	乡村经营性基础设施	如非义务教育
	乡村准经营性基础设施	如收费道路
	乡村非经营性基础设施	如乡村道路
投资目的	乡村营利性基础设施	如非义务教育、乡镇非经营性医院
	乡村非营利性基础设施	如义务教育、公立医院
形态	乡村实体性基础设施	如乡村公路、图书馆、水利水电、休闲座椅、环境导视
	乡村制度性基础设施	如乡村义务教育制度、乡村医疗制度
公共属性	纯公共产品	如公立学校、卫生所
	准公共产品	如用电设施、桥梁
	私人产品	如宅前路、太阳能

第二节　乡村旅游公共设施特色设计

旅游景区的公共设施是构成景区环境的重要内容，所以对景区公共设施的设计的关注度也越来越高。因为各方面的因素，景区公共设施的设计和建设会存在很大差异，设计方面主要存在文化特征不明显、功能综合性不强等问题。

一、旅游景区公共设施的社会意义

公共设施是公共环境中一些具有美感的、有一定实用功能的、为满足人类生理和心理诉求的人为构造物。它与其他建筑一样，是人类社会发展的产物，并且根据乡村的发展和乡村构成的要求发生变化。

一个设计合理且具有美感的公共设施不但可以有效地提高其使用频率，而且还可以增强游客爱护公共设施、爱护公共环境的意识，同时提升游客对游览乡村的归属感，为游客间的相互交流创造条件，自觉遵守社会公德，以达到人与环境之间的和谐统一，使乡村旅游能够有序健康地发展。

二、景区公共设施特色设计

公共设施一般可分为引导性设施、教育性设施、服务性设施、照明设施、交通设施及无障碍设施六大类，下面主要从旅游景区的引导性设施、教育性设施和服务性设施三个方面展开论述。

（一）引导性设施

旅游景区的引导性设施主要是导视牌和解说牌两种类型。

1. 导视牌

导视牌是一种指导性的标志牌，具有指引方向的功能，应当放置于醒目的位置引起游客的注意。导视牌的外观设计上要遵循简洁、美观的原则，内容可以采用图文并茂的形式，同时可以加入多国语言使其更加国际化，方便游客阅读。

2. 解说牌

景区解说牌主要以图片、文字、案例等形式向游客传递当地历史、人文、地理及其他信息，帮助游客更加详细地了解景区文化和景点信息，从而达到引导游客的目的。解说牌的设计可以根据人机工程学设置解说牌的比例及尺寸，利用较大的字体或图例标记牌上的重要信息，让游客能够一目了然。

（二）服务性设施

1. 公共座椅

旅游景区公共座椅的主要作用是为游客提供休息的场所。因此，设计座椅时首先要考虑是否符合人机工程学，即人坐在上面是否舒适，其次，还要考虑审美性。形态优美、色彩与周围环境协调的公共座椅不仅能很好地为景点添色，而且能够吸引更多的人来休息，提高利用率。

2. 垃圾桶

垃圾桶是旅游景区不可缺少的公共设施，它不仅能够提高旅游景区的环境卫生质量，而且能够丰富景区的景观，从而促进景区的可持续发展。旅游景区垃圾桶的设计既要考虑科学性、实用性，也要考虑审美性。科学与实用性体现在既方便游客丢垃圾，又方便清洁工人清理垃圾。分类垃圾桶和多功能、智能化功能垃圾桶的设计，有助于旅游景区环境卫生的管理。垃圾桶的外观可以根据景区的地理位置、环境特点来设计。

第三节　乡村旅游公共设施设计的现代化理念

影响旅游景区公共设施完善的因素，不单纯是设计的匮乏，还在于旅游业发展与景区开发的不同步，地方政府的经济策略与景区长远规划间的矛盾等。所以要想从根本上改善旅游景区设施这一问题，就要建立一套合理的旅游景区公共设施设计的理论体系，让景区的设施既有统一的整体外在形象，又有合理的内在含义，为树立景区的品牌起到积极作用。

一、设定景区主题

在景区规划之初就应该明确景区类型，设定景区主题，为景区设施设计做好前期定位；然后规划景区内所需设施的种类、设施的风格，以及设施与景区内风景、文化之间的内在联系等，在统筹安排下进行景区公共设施设计。如世界各地的迪士尼乐园，就都有一个鲜明的景区主题——卡通与游乐，景区内的各类设施，如游乐设施、信息设施、休息设施、卫生设施、交通设施等，都体现出了卡通的主题性。

二、整体规划景区各类公共设施系统

公共设施在环境中有固定的功能属性，起到为环境服务的作用，而合理地、整体地进行规划设计能更好地使各类设施和谐地融入公共环境中去。这就要从各类设施造型、色彩和材料方面进行整体设计。

（一）造型方面

从产品设计的角度来说，公共设施单体有其各自的造型特点，但对于区域性景区环境来说，设施造型上的统一，能使设施与景区乃至各设施之间形成形象上的内在联系。

（二）色彩方面

景区内各类设施的色彩设计既要醒目易识别，又要协调统一。纵观国内的各大景区，在公共设施的色彩设计上大多没有使用专有色彩，通常都是色彩繁杂。而对比国外，如美国的南达科塔州的美国总统山，园内雕刻了四位代表了美国建国近250年来历史的美国前总统巨石头像，因为代表美国的历史，所以景区内的一系列相关设施的色彩统一使用了美国国旗的颜色——蓝、红、白，从信息导向系统的方位指示牌，到景区内容简介牌，再到商业服务设施的建筑外遮阳棚，使用的均是蓝色和红色，加之建筑本身是灰白色的，整个景区内的色彩既协调又统一，并且有明确的色彩出处，游人在景区内会感受到由国旗颜色带来的庄重感（图2-1）。

图2-1　美国总统山景区信息导向牌、商业服务设施

（三）材料方面

各景区的地质地貌不同，人文风情也不尽相同，因此因地制宜、就地取材、注意环保是目前最为倡导的绿色设计。如青城山旅游景区的信息导向牌，选用石材作为主要材料，一方面可以跟景区的自然环境和谐共处，另一方面也可以体现目前提倡的材料取自自然、环保绿色设计的理念（图2-2）。

图2-2　青城山景区信息导向牌、树木解说牌

但在设施材料的选择上要注意景区的环境与气候特点。如青城山景区树木解说牌，在设计理念上虽然考虑到了木材的自然环保属性，但没有考虑到青城山景区的气候特点，即清凉、潮湿，所以木制的解说牌受到潮气的影响已长出一片片菌类植物，既影响到解说牌的信息内容，又缩短了信息解说牌的使用寿命。因此选择适合的材料尤为重要。

三、树立各景区的品牌形象

在国内，各个地方政府为发展旅游业，任意开发景点，使得旅游景区像切蛋糕一样被划分成一块一块的，同一地区的景区与景区之间的设施非但没有联系，反而风格迥异，既不能起到树立景区品牌的作用，又不能达到地区景区的群体效应。还是以美国的旅游景区为例，从东海岸华盛顿纪念碑、林肯纪念堂到西海岸的黄石国家公园、大提顿国家公园、拱门国家公园、优胜关地国家公园、总统巨石纪念公园、大峡谷国家公园等景区，在树立景区品牌形象上颇具特色，这些景区不论是自然风景区还是人文风景区，都有统一的标志、统一版式风格的门票，同时各景区内的公共设施还各不相同，都有自己的特色。

因此，应该针对各旅游景区的特点开发设计出具有地方特色的旅游景区形象宣传的品牌，用这个品牌形象来引导和规范各景区的景区规划和设施建设，将区域范围内各个景区的公共设施设计概念串联起来，将景区内部各设施的造型、色彩、材料形成统一形象，这样一来，树立一个好的景区品牌并不是一件难事。

第三章

乡村旅游公共设施规划原则及策略

第一节　乡村旅游公共设施规划原则

以党的“十八大”提出的美丽中国建设目标为指导，根据乡村的实际情况，坚持把美丽乡村建设与产业发展、农民增收和生态环境改善紧密结合起来，按照科学规划布局美、村容整洁环境美、创业增收生活美、乡风文明身心美的具体建设目标，努力把乡村建设成为宜居、宜业、宜游的美丽乡村，提高乡村居民生活品质，促进乡村生态文明建设。

乡村旅游公共设施是在公共场所服务于社会大众的设备或物件，是乡村旅游的重要组成部分，起着协调人与乡村环境关系的作用，是乡村形象以及管理质量、生活质量的重要体现，是现代人精神生活提高的重要标志之一。随着人们生活水平的提高，公共设施正朝着多元化的方向发展，设计师如何才能创造出符合现代生活需求的公共设施，使之与现代化的乡村协调发展，使现代人的生活更加完善，公共设施的设计原则将是至关重要的因素。

一、安全性原则

公共设施是人与自然直接对话的道具，人在公共场所与设施直接发生关系，所以安全问题尤为重要，它是公共设施设计的基本原则。对于安全性的保障各国都颁布了《国家赔偿法》，明确指出由于公共设施的质量和管理不善对人员造成的损伤，国家或管理部门应给予相应的赔偿，将公共设施安全性问题提到了首要的位置。

二、功能性原则

公共设施要具备便于识别、便于操作、便于清洁三个方面的功能。公共设施是无言的服务员、无声的命令，具有鲜明的可识别性和可操作性。便于识别表现在识别系统设计标准化、形象化、国际化和个性化，强调整体性，传达内容迅速直观而准确。便于操作要求设计尺度合理、结构简易、操作简单。比如垃圾箱的开口大小、高低，直接影响垃圾的投掷率，可回收与不可回收垃圾桶的图示要通俗、形象，垃圾分类工作才更容易推广实施。功能性的原则是公共设施设计的基本要求，它能让使用者在与公共设施进行全方位的接触中得到精神和物质的多重享受。

三、注重多功能理念

设计的理念是为了让人们更加舒适地生活。人类社会发展到现在，便捷性和高效性是现代设计倡导的理念，在这种理念下设计出来的产品，不仅能够满足人们的功能需求，同时还能够兼具多种功能体验，公共设施的设计也应该具有多种功能性。诸如座椅的功能不只是满足人们坐下休息，还可以起到装饰环境的作用。

第二节　乡村旅游公共设施配置优化策略

一、苏州古村落旅游开发策略影响要素分析

美国旅游学者R.W. 道格拉斯（R. W. Douglass）曾将影响旅游活动的因子归结为六个方面，分别为：人、经济条件、时间、宣传、经济效益以及与森林其他利用途径的一致性。中国学者对旅游地的开发影响因素也有不少的研究，如李亚、任敬（2004）等对旅游地发展因子分析中提出了内部因素（市场区位、旅游资源特点、环境质量、旅游环境容量、旅游产品、旅游企业营销策略、旅游形象定位）和外部因素（旅游地的交通通达性、同类旅游地的竞争、社会经济条件变化、政府政策因素、旅游地投资、突发因素）对旅游地发展的影响。杨映（2007）在研究本溪市旅游业发展时提出了多个边缘型因子，包括经济发展水平、旅游资源、旅游经济、旅游交通、旅游品牌这五个因子。曲利娟（2008）根据北京森林旅游发展的实际，提出了影响北京发展森林旅游的六大因素：人口因素、经济基础、时间因素、市场需求、经济效益和宣传促销。李艳（2008）在研究乡村旅游中提出影响其发展的因子为动力因子（旅游流系统）、应力因子（旅游目的地系统）、规范因子（旅游制度创新系统）这三大因子。苏州旅游业发展提出了旅游发展理念、旅游目的地竞争、旅游发展机制三个制约苏州旅游发展的因素。本书通过借鉴这些学者的研究，从旅游开发角度，在分析苏州古村落的地理区位、旅游发展情况及开发中存在的问题等基础上，提出了影响苏州古村落旅游开发策略的六大要素，包括旅游资源要素、旅游形象要素、旅游环境要素、旅游交通要素、经济水平要素、旅游市场要素。

（一）旅游资源要素

1. 内涵

旅游资源是指对旅游者具有吸引力的自然存在和历史文化遗产，以及直接用于旅游目的的人工创造物，可以是有具体形态的物质实体，如风景、文物，也可以是不具有具体物质形态的文化因素，如民俗风情。旅游资源是构成旅游吸引物的主要内容，是旅游地借以吸引旅游者的最重要因素，也是确保旅游开发成功的必要条件之一。旅游资源的等级、数量、丰度、垄断性、组合状况，都会不同程度地影响着旅游业的发展态势。

苏州古村落旅游资源种类丰富、观赏和研究价值很高，按照旅游资源形成的基本原因、过程可以将苏州古村落的旅游资源分成以下两类。

（1）自然旅游资源

自然旅游资源是自然地理环境演变而形成的具有旅游功能的事物和因素。我国古人对居住地的选择讲究人与环境的融合，苏州古村落从选址、造型等都体现了这一特点，它们基本都选址于山水之间，利用天然的地形，依山傍水，负阴抱阳；古民居等建筑也是粉墙黛瓦，与周围环境完美融合，浑然天成。古村落旅游有别于其他旅游形式的核心特征就在于其原生态的乡村环境，因此风景如画、清新自然的人居环境就是苏州古村落最大的自然旅游资源。

（2）人文旅游资源

人文旅游资源主要指由人类创造的，反映各时代、各民族政治、经济、文化和社会风俗民情，具有旅游功能的事物和因素。文化是旅游的灵魂，旅游是文化的载体，旅游业的发展正是对文化进行传播，而文化经过传播才能体现价值，所以对人文旅游资源进行开发利用，才能够将古村落深厚的文化底蕴体现出来，如泰国芭堤雅的民俗村、韩国的济州岛、我国北京的民俗村等都以文化为主题进行旅游开发；云南丽江古镇是通过对人文资源进行深度挖掘，开发系列民族文化旅游产品等；而苏州是“吴文化”的发源地，古村落的人文资源除了包括古建筑、古码头等一些物质文化景观，还包括了吴地饮食、吴地服饰、吴地方言、吴地戏曲等具有个性的抽象的民俗文化资源，这些人文资源将会直接影响到古村落旅游产品的开发。

陆巷、三山岛、明月湾是苏州古村落中旅游资源较丰富、开发较好的古村。其中陆巷整个村庄已列为市级文物保护单位，是苏州古建筑数量最多、保存最好的一个古村落，其旅游资源的研究价值较高。三山岛是一个坐落在太湖中的小岛，四面环水，风光旖旎，独特的地理环境使它不同于其他古村落，而且岛上旧石器时期、古生物化石随处可见，是著名的国家地质公园，所以三山岛的旅游资源不仅具有休闲度假的观光价值，也具有重要的考古价值。明月湾的旅游开发和保护比较早，其优美的自然环境和深厚的文化底蕴让无数的游客慕名前往，可见其旅游资源具有很高的观光休闲和研究价值。这些古村都展现出独特的魅力，它们不同的旅游资源塑造出不同的旅游产品，彼此之间具有互补性，能够满足不同游客的旅游需求。

2. 影响

旅游资源不同于其他资源，它具有以下几种性质。

（1）综合性

旅游资源多是由不同要素组成的综合体，在开发上也常将不同类型的旅游资源结合起来共同开发，形成优势互补。如生态文化型古村与古建民居型古村的旅游资源差异性较大，可以通过区域旅游合作，形成旅游资源优势互补，满足游客的多元化需求。

（2）演变性

旅游资源会随着时代的需求而产生、发展甚至灭亡，品种和数量也在不断发生变化，体现出其演变性。如传统风貌型古村由于保护资金的缺乏、保护意识的淡薄，其古建筑、古街古巷等旅游资源正处于风雨飘摇的困境，古建筑的数量在逐渐减少。

旅游资源的这些性质一定程度上决定了古村落旅游产品的开发方向，旅游资源价值的高低决定了古村落对旅游者的吸引能力，所以旅游资源的挖掘与开发对古村落的旅游来说具有相当大的影响。

（二）旅游交通要素

1. 内涵

旅游交通是联结旅游目的地与旅游客源地的重要纽带，它对旅游活动的形式、内容、规模，对旅游资源的开发与空间配置，对旅游产品的线路安排都有着重要的影响，是旅游开发的重要保障。旅游交通从空间尺度和旅游过程可分为三个层次：第一层次是外部交通，指的是客源地到旅游地所依托的中心城市的交通，通常是大尺度的跨国跨省的；第二个层次是由旅游中心城市到旅游地的交通，通常是中小尺度空间的交通；第三个层次是旅游地的内部交通。

2. 影响

旅游是一项综合性很强的活动，整个过程就是一个以景点为节点，以交通路线为纽带而形成的包括吃、住、行、游、购、娱六要素的综合系统，可见旅游交通在旅游这个系统中扮演着重要的角色。从旅游市场到旅游地的旅游交通供给来看，快速、通常的交通可以使旅游业发展的条件宽松，进而唤起旅游需求的产生；反之供给紧缺，交通方式落后，交通拥挤，就会限制旅游需求的产生，将会直接影响到旅游业的发展。如滇西北地区（即大理、丽江、迪庆地区）在整个20世纪80年代因受交通的限制（当时无机场、无高等级公路），旅游业发展非常缓慢，直到20世纪90年代，随着丽江机场、昆大（昆明——大理）高等级公路的修建，交通条件得以改善，滇西北地区的旅游开发才进入起飞阶段。

旅游交通本身就具有旅游吸引物的特征，它对苏州古村落旅游开发的影响一般体现在以下几个方面。

（1）交通可达性

一个旅游地的交通是否便捷，一般可以通过交通的可达性来体现，以旅途的空间距离、时间、费用等来度量。苏州古村落距市区30~40公里，主要依托的交通线是环太湖路、苏嘉杭高速、苏沪高速、312国道、沪宁高速等，从市区到古村落坐公交车需要2~3 小时，私家车需要1.5~2 小时。吴必虎等人认为，空间距离100 公里的旅行成本能为多数城市居民接受，并成为围绕城市发展乡村旅游的一个重要分水岭，所以苏州古村落的出游距离是在游客所能接受的范围内的，其对外和村内的道路情况如表3-1 所示。

表3-1　苏州古村落道路情况统计表

古村交通	古村落名称	道路	尺度	备注
对外交通	陆巷	环山公路从西侧穿过	宽约 7 米	有公交车站，平均半小时一班的公交车，有小巴车，有集中的停车场
	杨湾	环山公路从南侧穿过	宽约 7 米	小巴车，也有公交车经过
	三山岛	无与外连接的道路	/	须坐游艇，平时每天一班，周末每天两班
	明月湾	西山环岛公路穿村而过	宽约 7 米	有公交车站，每 2 小时一班公交车，有集中停车场
	东村	西山环岛公路	宽约 7 米	公交车站有一段距离
	堂里	西山环岛公路从北侧通过	宽约 7 米	有公交车站，平均半小时一班公交车
	角里	西山环岛公路	宽约 6 米	有公交车站，车次较少
	东西蔡	西山环岛公路穿村而过	宽约 7 米	有公交车站，车次较少
	植里	南侧的环山路	宽约 8 米	有公交车站，车次较多
		西侧的东村公路	宽约 6 米	
	后埠	与村口相连的三条道路	宽约 4 米	与环山公路有一段距离，须步行或小型车辆进入
	徐湾	通往太湖大桥的长沙路	宽约 12 米	有公交车站，车次较多
村内交通	陆巷	六条古巷为主要道路	宽 2~4 米不等	步行，小型非机动车可驶入，条石铺砌
		小巷为次要道路	宽 2~3 米不等	砖石路面
	杨湾	传统街巷	宽约 2 米	砖石路面，有些道路两侧有明渠
	三山岛	环岛公路为主要的道路	宽约 5 米	人车混行，沥青路面
		传统街巷为次要道路	宽约 3 米	砖石路面
	明月湾	南北两条石板街为主要道路	总长约 1140 米，宽约 2 米	用 4560 块花岗岩条石铺砌
		小巷为次要道路	宽不足 1 米	砖石路面
	东村	东西向街为主要道路	宽 2 米	村口有小型停车场，水泥路面
		小巷为次要道路	宽 0.5~2 米不等	水泥路面
	堂里	堂里街为主要道路	宽 7~10 米	水泥路面
		小巷为次要道路	宽约 2.5 米	基本为水泥路面
	角里	机动车道	宽 4~5 米	人车混行，水泥路面
		传统街巷	宽 2~4 米不等	水泥路面
	东西蔡	南北向尽端的机动车道	最宽约 6 米，最窄约 3 米	人车混行，基本为水泥路面
		东蔡街、西蔡街传统街巷	宽 2~4 米不等	步行通道，大部分为条石铺砌，局部为水泥路面

续表

古村交通	古村落名称	道路	尺度	备注
	植里	植里古道及东西向的主要道路	宽 2~3 米	植里古道为条石铺砌，街道为水泥路面
		小巷为次要道路	宽 1.5~2 米	
	后埠	后埠街、后埠岭为主要的道路	后埠街长约150 米、宽约 2 米，后埠岭长约 70 米、宽约 2 米	砖石路面
		小巷为次要道路	宽 0.5~2 米不等	砖石路面
	徐湾	传统街巷	宽 1~2 米	砖石路面

随着苏州市乡村旅游区（点）基础设施的日益完善，道路通达率达100%，公交通达度达81.6%，由此可见交通可达性对古村落的限制正在逐步减小。

（2）交通方式

交通方式是吸引游客旅游的一个重要因素。苏州古村落的外部交通方式一般以私家车、公交车为主，内部交通方式一般以步行为主，而对于旅游地来说，多种交通方式的组合更能增加旅游的趣味性，提高旅游者的旅游热情。如三山岛古村位于太湖之中的岛屿上，虽然交通可达性差点，但正是这个特殊的地理位置使其在交通方式上进行创新，推出自行车环岛游、旅游观光车环岛游和游艇太湖游等旅游方式，所以苏州古村落应该充分利用临近太湖的优势推出不同形式的旅游交通方式，满足游客多样化的旅游需求。

（3）旅游交通服务

旅游交通服务的对象是游客，服务质量的好坏直接影响游客对旅游地的满意程度。应将“方便、快捷、安全、舒适”作为旅游交通服务的宗旨，不断提高旅游交通服务质量。而古村落内的旅游交通服务者大都是当地村民，他们的整体素质会影响旅游交通服务质量，需提高他们的素质，对他们进行专业培训，为游客提供舒适、安全、优质的服务。

二、苏州古村落旅游开发优化策略

（一）区域整体保护思想

古村落是人类宝贵的历史文化遗产，它的空间格局如骨架，传统文化如灵魂，历史古迹如血肉，只有全面地保护，才能维持古村落的可持续发展，所以保护永远是第一位的，开发必须以保护为前提。由于苏州古村落分布比较集中，所以应采取区域整体保护的方式，主要从以下三个方面来进行。

1. 制度制定

古建筑是构成古村落风貌最基本的元素，古村落是民族文化的源头根基，保护古村落就是保护各种历史信息的真实遗存。在开发古村落旅游的潮流中，苏州市政府并没有忽视开发会给古村落带来的后果，于2002 年10 月出台了《苏州市古建筑保护条例》，2005 年6 月又颁布了《苏州市古村落保护办法》等与古村落保护有关的地方法规，并落到实处。与此同时，还研究出台了《城市紫线管理办法》《城市规划若干强制性内容的暂行规定》等10 个规章和规范性文件。这些制度的制定为苏州古村落的保护规划编制工作提供了强有力的支撑，让苏州古村落的保护在制度层面上走向规范化。

2. 规划编制

吴中区政府以省发改委核准的“太湖古村落保护开发项目”为蓝本，分三批进行规划，逐次对11 个古村落进行保护开发。2010~2011 年，重点对陆巷、明月湾古村二期工程和东村实施保护工程；2012~2014 年，对三山岛、杨湾、徐湾等3 个古村落实施保护工程；2014~2016 年，实施堂里、角里、植里、东西蔡、后埠等5 个古村落保护工程。古村落的保护规划编制改变了古村落保护无章可循的被动局面，也减少了在保护中出现重复投资浪费的现象。

3. 保护与开发

保护是前提，开发是保障，开发是为了更好的保护，但是过度不合理的开发会给古村落带来严重的后果，甚至影响到古村落未来的发展。如珠江三角洲地区是典型的岭南传统村落集聚地，又是中国经济实力较强的地区之一，但在城市化的快速发展过程中，人口规模、城市用地膨胀，大面积的城市开发与大规模的旧城改造，使岭南村落的传统风貌逐渐丧失。如果过度强调保护而限制古村落的开发，只能让保护成为纸上谈兵。因为历史、区位等因素的影响导致古村落经济不发达、基础设施落后，缺乏政策和财政的支持及规划的指导，古村落的发展会出现无序性、自发性，其传统风貌会逐渐丧失，严重威胁了古村落的生态环境与历史文化的保护，会让古村落的历史遗存消失得更快，所以如何正确处理保护与开发的关系成为古村落旅游开发亟待解决的问题。

保护思路的转变对古村落的旅游开发提出了更加严格的要求。古村落旅游不同于城市旅游，它的环境承载量有限，所以开发的尺度不宜过大，游客承载量过大会破坏古村原本的宁静和自然环境，而古村落开发的宗旨是以保护为主，旅游开发是为了更好地保护古村落的物质景观和文化景观，所以要正确处理好保护与开发的关系，使古村落走上一条保护——开发——增值——保护的良性循环之路。

在处理古村落保护与开发关系时，要对古村进行旅游开发的特殊性有清醒的认识，制定出正确的开发策略，才能确保古村落旅游业的健康持续发展。在区域整体保护的指引下和古村落旅游开发策略影响要素分析的基础上，针对各影响要素提出相对应的旅游开发策略，来共同指导古村落的旅游开发（图3-1）。

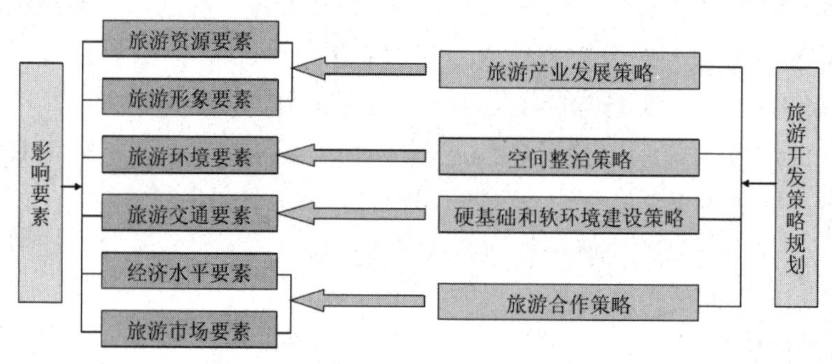

图 3-1　旅游开发策略规划示意图

（二）旅游产业发展策略

1. 旅游产品差异化

对游客产生直接吸引力的是旅游产品的开发，而旅游资源的禀赋决定了旅游产品的开发方向，古村落需要开发的就是以古民居建筑、寺庙宗祠、文物古迹、民俗服饰等为物质载体，以民风民情、古文化氛围为旅游体验的一种综合性文化旅游产品。但目前许多同一地区的古村落由于在文化根源、地理环境、旅游资源等方面都存在大量相似的地方，各古村落之间产品开发又缺乏协调与联系，开发建设分工不明确，没有形成区域联动的优势，导致了古村落旅游产品的开发朝着同质化方向发展，而同质化现象不仅会导致古村落之间旅游的恶性竞争，也会让游客有了腻烦的心理，严重阻碍了古村落旅游业的可持续发展。尤其是一些规模较小的古村落在旅游资源优势不明显、竞争力较低的情况下继续同质化发展的话，会大大缩短该古村的旅游生命周期。旅游产品同质化是制约古村落旅游发展的瓶颈，所以古村落的旅游产品开发要强调内容的多样性，在类型和层次上要差异化开发。苏州古村落旅游产品的开发应该从各古村自身的旅游资源来考虑，整合旅游资源，完善旅游产品结构，寻找差异，错位发展，并创造亮点。

（1）类型差异化

在旅游主题上游客开始寻求多样化的旅游，不同主题的旅游可以打造出不同的主题旅游产品。如随着城市环境的不断恶化，人们逐渐开始注重健康、养生，回归自然、向往绿色的生态旅游已成为当今世界旅游发展的主流趋势，因此自然生态类型的旅游产品日益盛行，市场前景十分广阔。另外游客对旅游产品的参与性需求也在不断增加，单纯的观光休闲类产品已经不能满足人们的旅游需求，所以旅游产品的策划可以将健康、生态、文化、体验、参与、环保等元素融入各种类型的旅游产品开发设计中，开发出能满足现代游客多元化需求的旅游产品。

从旅游产品的类型差异化角度来说，苏州古村落旅游产品开发的思路可以从以下几个方面来考虑（表3-2）。

表3-2　旅游产品开发分析

旅游产品的类型	主要建设项目
文化旅游产品	建设与苏州文化相关的展览馆，可营建体验式的文化场景；开发相关的旅游纪念品等，如利用茶文化旅游节打造茶文化旅游产品
休闲度假旅游产品	利用古村山林特色，开展山林采摘、认养树苗等活动；利用太湖优势开展游艇环游、太湖垂钓等水上活动
生态养生旅游产品	以康体疗养为主题，将“养生”“健康”等元素渗入古村落旅游的各方面，并开发相应的旅游产品，如生态食疗、疗养院、生态水疗馆等

不同类型的古村落由于资源禀赋不同，旅游产品开发的类型也会有所不同，比如生态文化型的古村在文化、休闲度假、生态养生等方面都可以重点打造旅游产品；古建民居型古村则可以侧重在文化、休闲度假方面重点打造旅游产品；传统风貌型古村则适宜在文化方面辅助性地打造旅游产品（图3-2）。

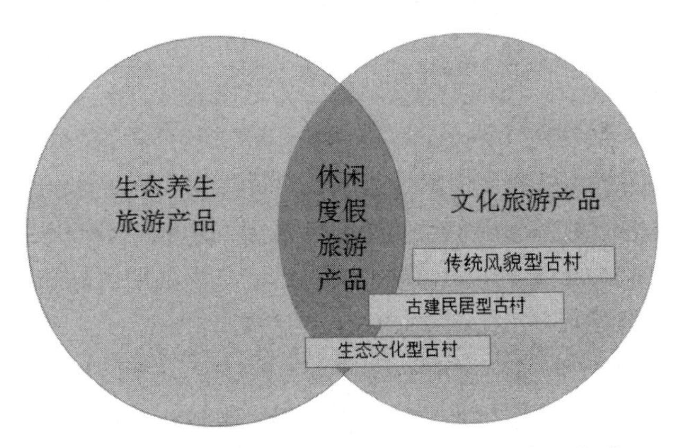

图3-2　各类型古村落适宜选择的主要旅游产品类型

（2）层次差异化

旅游产品的类型差异化开发最终要落实到具体的旅游产品项目上来，而苏州古村落的类型不同，导致旅游产品的开发类型有所偏重，所以在开发层次中也会侧重不同。

王宏星等在研究乡村旅游产品时将其分为三个层次：核心产品域（包括乡村接待和度假服务、乡村景观、乡村文化）、辅助产品域（包括多样化的乡村活动、接待服务、农村土特产品、工艺品、户外活动、向导服务）、扩张产品域（包括乡村旅游的服务营销）。

我们可以借鉴这种产品层次分析法，使不同类型的古村落在同一层次中以及同一类型的古村落在同一层次中做到旅游产品的差异化开发。

核心产品是使游客获得旅游体验的主要对象，是整个旅游产品层次中最重要、最基本的要素，是古村落旅游的核心吸引物。如广西阳朔的田园风光、浙江杭州梅家坞的茶乡风情等，分别是以自然景观和人文风情为核心产品的乡村旅游地。苏州古村落的核心产品基本形成，但缺乏包装和策划宣传，对旅游者的需求了解还不够深入，没能充分展示各自的核心旅游产品；另一方面，核心产品还体现在服务质量上，各种服务设施的缺乏也是影响苏州古村落旅游开发的重要因素，如陆巷古村旅游服务设施比较缺乏，让游人无法在游览的过程中长时间停留，也不能满足游客的购物需求。因此苏州古村落应该根据自身特点对其核心旅游产品进行鲜明的定位，做好包装和宣传，并积极改善旅游服务设施，提高旅游服务质量，做到错位发展和优势互补。

辅助产品是由本地的各种直接或间接从事旅游业的人员提供的产品。它是一种附加形式的产品，是古村落旅游体验的重要组成部分，用来增强古村落的旅游吸引力，是古村落旅游产品的实体。苏州古村落的辅助产品可以根据不同类型的古村落在辅助产品域这个层次中做到差异化开发，比如生态文化型古村在餐饮服务、土特产、乡村文化体验等方面进行强化；古建民居型古村在古建筑参观的向导服务、工艺品的设计、艺术性质的比赛等方面进行强化；传统风貌型古村辅助前两种类型的古村落联合开展一些多样化的古村文化活动等。同一类型的古村落在相关辅助产品的打造中也要根据自己旅游资源特色，做到差异化开发。

扩张产品是乡村旅游发展到一定阶段并形成一定规模后的产物，它主要是由政府、企业、行业协会等组织的面向乡村旅游的营销或服务网络。目前苏州古村落单独的旅游营销或服务网络尚未形成，只是依附在苏州其他重要旅游景区的网站上，来填补苏州乡村旅游的不足，并未真正做到独立性发展，这在一定程度上给旅游者和经营者都造成了损失。一方面，旅游者很难发现古村落全面的旅游信息，在吃、住、行等方面未得到很好的信息服务；另一方面，经营者由于网络服务的不完善，会失去很多潜在的游客。这里可以借鉴国外一些旅游发展较为成熟的乡村，如西班牙等国家一些乡村旅游目的地在乡村旅游的连锁网站上根据经营风格和特色进行分类，使游客不需要花费很多时间就可以查找到自己要去的目的地的详细信息，并可以在网络上进行预订。

苏州各古村落应根据自身的特点，在类型、层次上选择适合自己开发的旅游产品，做到差异化、互补化发展，才能更好地适应旅游市场的需求。

2. 形象驱动策略

要成功塑造旅游地的旅游形象，主要体现在以下三个方面：一是理念定位准确，必须是本旅游地的有利条件，是其他旅游地无法取代的优势和特色所在；二是视觉强化有规模，必须能对旅游者真正构成强烈的感观刺激，并使之形成深刻的印象；三是宣传推销有力度，必须能在民众中产生大的影响。苏州古村落应该紧抓自己的自然和文化特色，塑造出苏州古村落特有的旅游形象，使其能够被广大游客所熟知并认可。

（1）旅游形象定位

只有具有独特、美好形象的旅游地才能吸引远在千里的游客到此旅游，所以旅游形象对于古村落来说，就如同人身上的衣服，美丽的衣服能使人光鲜亮丽，美丽的旅游形象也才能将古村落衬托得更加突出。如在世博会期间，为了提升苏州旅游城市形象和品牌，优化苏州世博旅游产品体系，苏州市政府实施了“世博在上海，旅游在苏州”的推广活动，并委托中央电视台等传媒机构制作世博旅游苏州城市形象片，让苏州的旅游形象更加家喻户晓。旅游形象的核心就是对旅游地的旅游形象进行准确的定位，就是要使旅游地深入到游客心中，占据某处心灵位置，使旅游地在游客心中形成鲜明而强烈的感知形象，从而激发游客产生出游的动机。形象定位是建立在地方性分析和市场分析的基础上，为形象设计指出方向。地方性分析挖掘出资源的特质和人文背景；市场分析揭示公众对旅游地的认知和预期，两者的结合构成旅游形象定位的前提。

从顾客导向出发，古村落形象定位必须反映市场需求，因为古村落形象是影响目标市场购买决策的主要驱动因素，作为旅游企业运营的一个环节，其本质是一种旅游市场营销活动，而古村落开发一般是以整体形象作为旅游吸引因素来推动旅游市场。其次，古村落旅游形象除了把握目标市场之外，还必须做进一步的市场细分，与共享相同目标市场的古村落在市场方面实行差异化策略，来分流竞争力。而旅游形象定位的最终表述往往是以一句主题口号来体现，口号往往是旅游者易于接受并能了解其古村形象的最有效方式之一。如江西婺源的口号是“中国最美的乡村”，西递宏村的口号是“世界遗产、世外桃源”和“西递宏村、魅力无限”等。

下面从整体旅游形象和差异化旅游形象两个角度来对苏州古村落的旅游形象进行定位。

①整体旅游形象定位。从区域角度上来讲，书中研究的11 个苏州古村落都位于吴中区，古村落比较集中，易于形成整体旅游形象。根据地理区位和古村特点，将苏州古村落的整体形象定位为“太湖边失落的明珠”，将古村落的价值更加形象生动地展现了出来。

②差异化旅游形象定位。各个古村落都有自己的特色，除了整体形象定位外，它们应该有自己独具一格的旅游形象。对开发较好的古村落而言，没有鲜明的旅游形象就如同没有一张特别的名片，人们无法去感受它所散发的旅游信号；而对那些开发规模不大的古村落而言，没有差异化的旅游形象更难以在已经开发并具有一定旅游规模的古村落（如明月湾、陆巷）中脱颖而出。所以可以根据各

古村落的特点，从村民由来、文化特色、建筑特色等方面来对它们进行差异化的旅游形象定位，突显出它们各自的旅游特色（表3-3）。

表3-3　古村落旅游形象定位

古村落类型	古村落名称	形象取材	旅游形象定位
生态文化型	明月湾	村名由来	太湖山水自然美景，吴王西施赏月佳处；在太湖冥想，走进如诗如画的梦中明月
	三山岛	地理区位和古文化特色	太湖蓬莱、文化三山；远离尘嚣的绿岛，让你畅游在太湖之中
	甪里	得名原因	寻古访幽最佳处
古建民居型	陆巷	建筑特色、状元文化特色	江南建筑的博物馆；太湖第一古村；宰相状元故里，院士教授摇篮
	堂里	建筑特色	古村名楼，走进建筑雨林
	东村	村名由来和“士”“商”文化特色	隐士商贾故里
传统风貌型	杨湾	古村氛围	远离城市繁华，体验返璞归真
	东西蔡	建筑格局	在现代民居中寻找历史的沧桑
	徐湾	布局、建筑形态	体验最原汁原味的古村之旅
	植里	文化特色和形态布局	耕读之村，摄影绝佳处
	后埠	南渡文化特色	西山的南渡文化之乡

（2）旅游形象宣传

旅游目的地对特质和美誉度要求很高，这样才能吸引游客慕名而来，没有宣传，再美的风景也只能是“藏在深闺无人知”。旅游形象宣传的核心就是将旅游地形象信息传播给大众，有效的宣传将会为苏州古村落顺利进入和占领市场产生积极的推动作用。

①旅游纪念品宣传方式。旅游纪念品是旅游形象的延伸和传播的媒介，在设计旅游纪念品时应充分利用古村落的旅游标志，使其具有地方特色，增强旅游形象的可识别性；同时应制作古村落的形象宣传册、旅游宣传录像带、旅游指南、光碟、台历、明信片、挂历等，在古村落景区内、周边景区如缥缈峰景区、环太湖国际度假区、各大旅行社、星级酒店、火车和公交车等进行赠送。

②媒体宣传方式。充分利用广播、电视、报刊、网络等媒体对古村落旅游形象进行宣传，如借助网络平台，加强与国内主要门户网站合作，开拓苏州古村落旅游形象宣传专栏，扩大宣传渠道。现在的网络如此发达，许多“驴友”都喜欢在网上交流旅游经历，如此强大的信息交流平台可以让人们对古村落的旅游形象有更深的了解。

③名人效应宣传方式。名人效应的方式是多样的，苏州古村落也可借助本身的名人传说或邀请名人、新闻记者、专家等到古村落考察、旅游，向社会介绍苏州古村落的旅游资源，授予一些名人形象大使的称号，来打造其文化效应。

（三）苏州古村落旅游开发策略选择

1. 主导要素影响分析

根据影响要素对各类型古村落的影响程度来选择旅游开发的主导策略，从而确定古村落的旅游开发模式。而不同类型的古村落由于旅游资源不同、开发程度不同等原因，各影响要素对它们的旅游开发影响程度也不同。

生态文化型古村在旅游开发中比较注重旅游资源的开发利用，具体体现在旅游产品的打造、旅游形象的塑造及与旅游线路有关的旅游交通建设上等，所以旅游资源、旅游形象和旅游交通要素对该类型古村的影响程度最高。

传统风貌型古村由于经济条件差，基础设施不完善、旅游资源稀少等原因，旅游资源、旅游形象对其来说是旅游开发中后期需要重点考虑的。在旅游开发初期，经济水平要素和旅游市场要素更加重要，须依靠整个古村落旅游市场的拉动，这种类型的古村落才能稳步地步入旅游发展轨道。

笔者立足于古村落的现状，从旅游未来发展的角度考虑，针对影响要素对各类型古村落旅游开发的影响程度进行了简要分析，见表3-4。

表 3-4　各类型古村落旅游开发主导要素影响分析

影响要素	生态文化型古村	古建民居型古村	传统风貌型古村
旅游资源要素	+++	+	+
旅游形象要素	+++	++	+
旅游环境要素	++	+++	++
旅游交通要素	+++	++	++
经济水平要素	+	++	+++
旅游市场要素	++	+++	+++

注：+++ 表示影响程度最大，++ 表示影响程度较大，+ 表示影响程度一般。

从以上分析可以看出，生态文化型古村的主导影响要素是旅游资源要素、旅游形象要素、旅游交通要素；古建民居型古村的主导影响要素是旅游环境要素、旅游市场要素；传统风貌型古村的主导影响要素是经济水平要素、旅游市场要素。

2. 主导策略选择

由于各类型古村主导影响要素的不同，导致其旅游开发主导策略的选择也有所不同，针对这种差异性，笔者对各类型古村落旅游开发的主导策略进行了相应的选择（表3-5）。

表3-5　各类型古村落旅游开发主导策略的选择

旅游开发策略	分层次策略	生态文化型古村	古建民居型古村	传统风貌型古村
旅游产业发展策略	旅游产品差异化策略	+++	++	+
	形象驱动策略	+++	++	+

续表

旅游开发策略	分层次策略	生态文化型古村	古建民居型古村	传统风貌型古村
空间整治策略	整合旅游资源空间布局	++	++	++
	整治重点空间与地段	++	+++	++
硬基础和软环境建设策略	硬基础——公共基础设施建设	+++	++	++
	软环境——旅游服务建设	+++	++	++
旅游合作策略	多元主体合作	+	++	+++
	区域联动	++	+++	+++

注：+++ 表示最重要，++ 表示重要，+ 表示一般。

（1）针对生态文化型古村

旅游资源、旅游形象、旅游交通要素对其影响程度最大；旅游环境、旅游市场要素对其影响程度较大；经济水平要素对其影响程度一般。结合这些影响要素及古村开发现状、开发条件等，生态文化型古村的旅游开发策略选择宜以旅游产业发展策略、硬基础和软环境建设策略为主，在旅游产品、古村形象、公共基础设施等方面加强建设。以空间整治策略、旅游合作策略——区域联动为辅，改善古村旅游环境，同时加强与周边古村及旅游景点的合作，进行优势互补，协调发展，增强苏州古村落群的整体旅游竞争力。

（2）针对古建民居型古村

旅游环境、旅游市场要素对其影响程度最大；旅游形象、旅游交通、经济水平要素对其影响程度较大；旅游资源要素对其影响程度一般。结合这些影响要素及古村开发现状、开发条件等，古建民居型古村的旅游开发策略选择宜以空间整治策略——整治重点空间与地段、旅游合作策略——区域联动为主，塑造良好的旅游环境，加强古村落之间的合作，对基础设施等进行综合配套，避免资源的重复建设与浪费。以旅游产业策略、硬基础和软环境建设策略、旅游合作策略——多元主体合作为辅，对其最主要的旅游产品——古建筑选择多样化的开发方式，满足游客多元化的旅游需求，并完善公共基础设施建设，利用古村现采用的股份制资金投入方式加强多元主体（政府、企业、村民）之间的合作，增强古村落的开发实力。

（3）针对传统风貌型古村

经济水平、旅游市场要素对其影响程度最大；旅游环境、旅游交通要素对其影响程度较大；旅游资源、旅游形象要素对其影响程度一般。结合这些影响要素及古村开发现状、开发条件等，传统风貌型古村的旅游开发策略宜选择以旅游合作策略为主，选择多元主体合作方式，解决保护与开发的资金问题，同时加强与周边古村落及旅游景点的合作，带动其旅游业的发展。以空间整治策略、硬基础和软环境建设策略为辅，对空间环境进行整治，加强基础设施和旅游服务建设，在满足旅游基本需求的同时，给游客提供舒心的旅游环境。

生态文化型古村以旅游产业发展策略、硬基础和软环境建设策略为主导策略，比较注重旅游产品、旅游形象、基础设施和环境等方面的开发建设，宜选择旅游产品开发和客源市场开发相结合的开发模式，在旅游产品、形象建设上进行创新，并完善公共基础设施和旅游服务建设，提高旅游竞争力。

古建民居型古村以空间整治策略、旅游合作策略——区域联动为主导策略，比较注重旅游环境的塑造和古村落之间的合作，宜选择增加竞争力的开发模式，加强古村落之间的旅游合作，共同发展旅游业。

传统风貌型古村以旅游合作策略——多元主体合作、旅游合作策略——区域联动为主导策略，由于自身经济水平的限制，宜选择旅游开发主导和旅游扶贫相结合的开发模式，以政府为主导，积极促进多元主体之间的合作，在生态文化型古村和古建民居型古村的旅游发展带动下积极发展旅游业，为古村的未来寻求新的发展道路。

三、对黑龙江省农场型旅游小城镇公共服务设施优化

通过对宁安农场、海林农场和二龙山农场小城镇的公共服务设施的现状进行分析研究，黑龙江省农场型旅游小城镇公共服务设施在配置和布局方面存在的问题主要集中于以下方面。

1. 设施配置问题

黑龙江省农场型旅游小城镇的基本公共服务设施较为完善，但针对农场旅游的公共服务设施配置缺乏。由于农场居民较低的收入水平，对农场小城镇公共服务设施的需求层次不高。农场型旅游小城镇的行政管理设施、教育机构设施、医疗保健设施、文化娱乐设施、商业金融设施、集贸市场等基本能够满足基本公共服务的需求，但农场居民较低的需求层次造成了基本公共服务设施“相对过剩”的尴尬局面。

旅游公共服务设施的规划建设较为滞后，小城镇发展农场旅游缺乏相应的设施支持。由于农场长期以单一的农业生产经营为主，对发展特色农场旅游的意识薄弱，造成对服务于农场旅游的公共服务设施规划建设严重滞后，农业旅游设施只是停留在简单的“路过式”农业观光的形式，旅游商业设施的配套建设也缺乏对农场特点的挖掘。

公共服务设施的服务对象单一，较强的专用性配置模式和较差的功能兼用性造成公共服务设施的较低使用率。

黑龙江省农场型旅游小城镇的基本公共服务设施和旅游公共服务设施按照

各自的服务对象进行设施配置，两者在配置上缺乏功能渗透。例如，旅游公共设施的建设缺乏对农场小城镇居民使用方面的考虑，其规划建设与基本公共服务设施的规划建设各自为政，没有考虑设施的共用和兼容问题，造成对其的较低使用率。

2. 公共服务设施布局优化策略

（1）设施选址优化

要想实现公共服务设施的选址优化，首先应将各农场旅游小城镇公共服务设施进行系统化分类或分层级。

1）基本公共服务设施选址优化。基本公共服务设施方面，将黑龙江省农场型旅游小城镇内的各类基本公共服务设施按照服务人群的多少进行系统化的层级划分，总体上分为农场小城镇级和片区级两种。农场小城镇级公共服务设施服务于整个小城镇，因此其布局应考虑把整个农场小城镇作为其服务域，位置选取应考虑农场小城镇靠近几何中心的位置，并应紧邻主要街道；小城镇片区级公共服务设施主要服务于其临近的片区，因此在布局时应考虑在小城镇不同片区内布局的均等化，以此来实现公共服务设施布局的公平性要求。例如，二龙山农场小城镇的“十字街”在未来的规划中可考虑在横纵两条道路交叉口集中规划布局大型的公共服务设施中心，而将其他公共服务设施根据其服务片区和服务居民的需要，分散选址到各自服务的片区中心。

2）旅游公共服务设施选址优化。旅游公共服务设施方面，将旅游农业设施和旅游商业设施根据其服务对象和范围的不同，划分为集中型和特色分散型两种。

集中型旅游公共服务设施：其旅游农业设施和配套旅游商业设施的游客接待量较大，旅游项目和旅游活动的设置主要针对团体旅游等大规模的旅游形式，设施选址不必过于靠近农场旅游小城镇，但一定是容易到达的区域，以便于旅游淡季供农场居民使用。例如，以发展综合型农场旅游模式的宁安农场小城镇，其大型的国家级农业示范园距离农场小城镇较远，因此，旅游住宿、餐饮设施和部分旅游商业设施都应结合示范园进行选址布局，而将少数旅游商业设施布置在农场小城镇内或其他地域内。

特色分散型旅游公共服务设施：其旅游农业设施和配套服务设施可能就会更针对个人和家庭旅游等，其设施选址则主要考虑散布在贴近自然、环境优美，融入农场深处的特色地区，这些地区往往与农场旅游小城镇具有一定的距离，但交通方便。例如，以发展度假农场旅游模式的海林农场，旅游度假住宿设施作为其旅游公共服务设施的重要组成部分，除了集中布局农场度假社区之外，还可在田园深处分散布置“农场人家”主题的旅游住宿设施。

此外，黑龙江省农场旅游小城镇地处寒地地区，冬季的严寒气候大大降低了其公共服务设施的可达性。因此，在考虑其公共服务设施的选址时，应在符合在国家规范的前提下根据实际需要适当减小公共服务设施的服务半径，缩小各公共服务设施的服务域，并将各公共服务设施选址在冬季容易到达的位置。同时，完善农场小城镇的道路交通体系建设，以此来加强农场小城镇公共服务设施布局的可达性。

（2）布局形态优化

1）基本公共服务设施布局形态优化。应逐渐打破现有的基本公共服务设施传统的线性平铺式的布局形态，形成相对集中的高效布局形态。

考虑到黑龙江省农场旅游小城镇的规模一般较小的因素，其公共服务设施所包含的基本公共服务设施在场部内应尽量集中布局。基本公共服务设施和旅游公共服务设施分别作为以服务农场居民和游客为主要目的公共服务设施，适当集中布置可以提高其服务的效率和质量。黑龙江省农场旅游小城镇各公共服务设施的布局现状混杂，单一线性延伸的布局模式使得各公共服务设施不能很好地满足农场小城镇居民的生活服务需求。因此，应该充分发挥不同公共服务设施之间布局的集聚效应，并极力避免各公共服务设施布局的邻避效应。对于，文体科技设施与商业金融设施应考虑相邻布局，教育设施则应避开环境较为嘈杂的地区进行布局。例如，将海林农场“T”字形的公共服务设施布局形态，经过整合调整布局，围绕西部公路路口形成西部商业中心和医疗中心，围绕中部场部办公大楼和南部三岛湖分别形成行政中心和文体科技中心，在农场小城镇东部形成教育中心。

2）旅游公共服务设施布局形态的特色化。旅游公共服务设施的布局应根据其农场旅游模式的特点突出特色化布局形态。

对于宁安农场等以观光农场旅游和农事体验旅游等传统型农场旅游模式为主的黑龙江省农场型旅游小城镇，其主要旅游商业设施应该充分结合现有的现代农业示范园等旅游农业设施进行布局，再根据农场自身资源优势，在农场环境较好的地区分散布局农家乐等形式的旅游公共服务设施。

对于海林农场等以发展度假农场旅游模式的农场型旅游小城镇，应对其旅游住宿设施进行重点规划布局。为了体现农场的特色布局特点，可以在农场内规划建设以体验农户生活的农场特色度假社区，并将其在整体布局形态上与农场居住社区适度混合配置。这种混合式的布置形态既能满足农场度假游客的住宿需求，又能让游客深入农场社区真切地体会与农场居民为邻的生活状态。

第四章

乡村旅游公共设施现状调研及分析

第一节　乡村公共设施现状及存在问题

一、大理小城镇存在问题

（一）场所精神逐渐缺失

场所精神概念最早由诺伯舒兹提出。他认为场所精神的形成是利用建筑物给场所的特质，并使这些特质和人产生亲密的关系。特色空间所具有的文化内涵和场所精神是社会和文化因素在漫长时间积淀下形成的某种空间环境氛围，其内在的文化内涵和场所精神是最吸引游客的，但是由于旅游业的快速发展，曾经用于节庆仪式活动及原住民邻里交往的公共空间被游客占据，空间失去了原住民也就意味着空间场所精神的沦丧。因为文化底蕴和物质空间有相对应的关系，空间是文化的某个组成部分或者是文化的载体，民俗活动和风俗习惯要在一定的空间环境下才有它的生命力。其次，离开传统公共空间的原住民，由于受到外来人口文化冲击和商业利润的驱使，逐渐改变了原有的生活方式，慢慢丧失自己的特色，最终也导致了场所精神的缺失。

因此，我们要加强对特色空间人文内涵和场所精神的保护。在政策引导方面，政府可以采用积极的政策鼓励原住民们参与丰富商业活动，不仅丰富了商业活动内容、增添了商业的传统文化气息，同时原住民参与到商业经营中来也为自身谋求到就业机会，有利于旅游小城镇传统空间功能结构的稳定。在空间构建方面，应该考虑保护原有空间肌理，原有街巷线型与生活氛围；通过设置台阶、尽端巷道、弯曲的线性等措施限制车辆的进入，保护原有的步行交通；地面铺装上尽量采用与当地传统协调的材料；加强原住民对空间使用的程度，如街巷的边界空间是原住民经常生活的空间，可设置良好的遮阳和休憩设施等。

（二）新旧区域割裂较明显

从新旧区域的建筑风格上对比，新区域以新建建筑为主，建筑风格偏现代感，整体街巷肌理缺乏与旧区域空间文脉的延续；从区域空间的主要使用者类型来说，新区域空间以原住民为主，而旧区域空间以游客为主；从区域空间肌理中的生活性特色上对比，新区域空间内具有较丰富的生活性，而旧区域内富有人情味的生活场所、朴素的乡土趣味已经无从寻觅，新老镇区空间呈现出一种完全割裂的状态。

尽量减少新旧区域的差异所带来的割裂感，就应该注意新旧区过渡空间的设计。过渡空间的街巷肌理上满足从旧区到新区的逐渐过渡，包括沿街建筑形式应该由旧区的白族风情建筑形式逐渐变成现代建筑形式，绿化布置和景观小品的风格样式也从旧区的风格逐渐变成新区的另一种风格，空间氛围上也从旧区的商业化氛围逐渐变成新区的生活型氛围；或是通过某些节点和标志物空间来完成新旧区的过渡。总之，过渡空间应该是有机衔接新旧区域的，不应该让游客感到明显的空间割裂感；对于大量原住民参与旅游事业的村镇来说，旧区域偏重于原住民工作的空间，而新区域偏重于原住民生活的区域，过渡空间构建中应该注意原住民工作和生活间转变的需求。

二、宁夏中卫市沙坡头乡村存在问题

（一）缺乏生态环境保护意识

中卫市早期的旅游开发多数是以资源的损耗和特色的损害为代价来换取经济收益的传统大众旅游开发模式。在无长远规划或在利益驱动下，出现了一些有损于生态环境或对旅游景点造成破坏的建设。沙漠是中卫市的核心旅游资源，而目前中卫市一些大企业在全力改造沙漠景观，沙漠资源作为中卫市的龙头旅游资源，应该至少维持资源现状，保持一种静态可持续性，而不是人为干预，使沙漠消失，否则将有损于中卫市“世界垄断性旅游资源”和“世界沙漠之都”等殊荣，中卫市的旅游资源也将失去吸引力。汪一鸣在分析宁夏平原湿地特点的基础上，指出沙坡头自然保护区湖沼已出现了大面积萎缩。同时，由于缺乏合理的规划和同其他经济发展、国土、城乡一体化规划等的协同，导致了资源争夺现象，出现经济利益短期效应，给当地生态和资源造成巨大的破坏。中卫市的沙漠主要分布在中卫城区西北部，而目前中卫市的工业区和垃圾填埋区也主要位于西北部和东北部的沙漠中，对沙漠资源的可持续利用造成很大威胁。再次，由于开发忽视了生态环境脆弱、自我修复能力低这一事实，没有确定资源的环境承载能力和游客容量，游客来者不拒，尤其在“黄金周”期间，游客纷至沓来，往往给生态环境造成巨大压力，造成水体、土壤不同程度的污染，尤其是沙坡头旅游区，由于大规模的游客进入和不合理的开发利用已给资源特色造成了巨大的破坏，沙坡鸣钟也由于超出其承载能力，沙山的高度明显降低，影响了沙坡鸣钟的形成机理，已名不副实了；腾格里沙漠由于大规模的游客进入，导致原生植物被大量被破坏，局部生态环境持续恶化。在管理方面，受成本和收益的影响，管理往往滞后于开发，仍然在延续工业革命“先污染，后治理”的覆辙。

（二）生态旅游人力资源不足

人力资源正在取代金融资本成为最具有控制性和决定性的旅游生产要素，生态旅游作为可持续旅游的必然选择，对此提出了更高的要求。不仅需要多学科融合的管理、经营人员，而且还需要同旅游市场需求相同步的个性化、多样化、标准化服务，也从大旅游的角度向他们的素质和面貌提出了更高的要求。要成为主要的旅游吸引物，塑造一种形象，打造一种文化。此外，作为管理者首先必须要提高自身的生态意识、管理、经营理念，显然目前的人力资源是严重匮乏的，不能适应旅游业发展的需要。

如何开发与管理生态旅游，是近几年研究比较活跃的问题。尽管众多学者对生态旅游开发进行了理论和实践上的探索，但在实际应用中仍存在许多问题，曾昆生从经济学的角度对此进行了深入分析，认为生态旅游开发存在外部不经济问题从而会影响区域经济和整个国家经济的发展，这些外部不经济问题包括观念障碍、利益障碍、体制障碍、素质障碍和资金障碍等。B.A. 马斯伯格（B.A.Masberg）和N. 莫拉莱斯（N.Morales）运用定量与比较分析法，通过大量的案例研究，提出生态旅游开发的5 个成功因素（即综合方法、规划和缓慢的开始、教育与培训、当地利益最大化、评估与反馈）及24 个相应策略，如进行功能分区、游览费的收取与分配方法制度化、对当地居民进行职业培训、环境教育列入学校课程、当地居民优先就业、监测旅游对生物多样性和环境的影响等。雪莉•罗斯（Sheryl Ross）和杰弗里•沃尔（Geoffrey Wall）提出了一个成功的生态旅游开发的理论框架，认为生态旅游开发必须协调好当地社区、生物多样性与旅游三者之间的关系，而三者之间关系的协调要靠合理的管理，并提出了一系列的生态旅游管理策略。

关于生态旅游资源的判定，我们强调，生态旅游资源包括物质“有形的生态旅游资源”，也包括精神“无形的生态旅游资源”，凡是具有地方特色，能吸引游客的旅游服务均可视为生态旅游资源。因此，从大旅游的角度讲，生态旅游的各利益相关主体，包括生态旅游者、生态旅游经营者、管理者、服务人员、社区居民及政府等都应该被视为一种生态旅游资源，因为一种经营、开发、管理和服务的理念及其营造的氛围都将对旅游者产生重要的影响，直接关系到生态旅游开发的品牌和形象，最终关系到生态旅游业开发的成败。从这个角度讲，生态旅游各利益相关者既是生态旅游管理的主体，也是客体。与此同时，积极的组织参与更不能忽视非政府组织、团体的作用。旅游业是关联性和带动性很强的产业，而长期以来，中卫市的旅游业缺乏与其他产业的协作，行业内部也是各自为政，各行其是，由于缺乏有效的激励约束机制，导致组织参与缺乏凝聚力，追求短期经济效益，其直接结果是对资源的严重破坏和对资源特色的严重损害，旅游收入漏损，管理滞后于开发，重蹈“先污染后治理”的覆辙，社区居民作为旅游业的弱势群体更是深受其害。因此，中卫市生态旅游的开发必须有积极的组织参与，通过有效的政策，增强他们对生态旅游开发所导致的生态效益、社会效益和经济效益的理解，形成有效的激励约束机制，培育企业凝聚力。

（三）社区参与不足

中卫市的旅游资源多散布在乡村，与周围社区有着紧密的联系。社区参与旅游业可以渲染原汁原味的文化氛围，增加旅游吸引力，在提高社区生活水平的同时，可以防止旅游收入漏损等负面影响，同时也为旅游资源的保护提供了动力。但是，由于中卫市旅游业发展层次低，一直以来延续着传统大众旅游的开发模式，虽然从最初的旅游业是“无烟工业”的错误认识中走了出来，经过了杰弗瑞的“倡导阶段”，认识到了旅游业所带来的各种负面影响，进入了“警戒阶段”，但是，一直以来没有找到适合自身的发展思路。虽然一些学者和规划者提出要发展生态旅游，走可持续旅游发展道路，但是始终没有摆脱传统大众旅游的影响，处在“适应阶段”或跨越“适应阶段”进入“理性阶段”的探索之中，所以社区参与作为旅游发展过程中的重要内容和一个不可缺少的环节，一直以来主要是理论上的探索。在实践中，社区参与层次相当低，只是一种尝试性的参与，主要是在景区周围靠出卖商品或简单劳动力来获取短期经济利益，而大多数社区居民被排斥在旅游业发展之外。

（四）环境教育滞后

由于中卫市旅游业发展层次低，旅游环境教育也是在旅游出现各种负面影响的条件下被动出现的。环境教育相当滞后具体表现在：一是环境教育的对象狭隘，仅限于旅游者，认为环境教育只是经营者和管理者等应对旅游业负面影响，促进旅游业可持续发展，对旅游者的传统生态意识和不合理行为采取的必要手段，忽视了自身作为管理主体更应该是受教育的主体。与此同时，社区作为景区物质、能量、信息流动的主要组成部分及旅游地文化吸引物，也是受教育的主体；二是环境教育的内容方面比较单一，多数是缺乏感染力、吸引力的广告牌，没有对景区的资源进行详尽而富有教育和知识趣味的说明，没有认识到富有知识性、趣味性的环境教育也应该是主要的旅游吸引物，是生态旅游资源积极的组成部分；三是教育的手段传统，一直沿袭着传统的广告牌和宣传材料等，缺乏现代科学技术的应用及其他非正式的教育方式，无法适应旅游者个性化、多样化的旅游需求。

（五）旅游项目单一、层次低

旅游市场已出现了买方市场的显著特征，追求参与性、知识性等个性化、多样化的旅游需求已成为新的旅游时尚。中卫市是宁夏乃至全国最著名的旅游胜地之一，尤其是城区的沙坡头以丰硕的治沙成果为世界瞩目，创造了“人进沙退”的世界奇迹，并且以其独特的资源组合塑造了“大漠孤烟直，长河落日圆”的旅游形象，在国内外具有很高的知名度。而中卫市传统大众旅游发展模式没有将资源、市场、形象有机地整合在一起。根据对沙坡头旅游区客源市场和游客旅游动机的调查发现，游客人均停留天数仍然很低，而且多以观光游览为主，空间容量小，产品单一，多数区外和国外游客仍然将其作为一个旅游中转地，这显然与其资源特色和组合及在国内外的旅游知名度是不相符的。在旅游业出现买方市场显著特征的现状下，旅游产品特色挖掘不深，规模偏小，旅游资源的文化内涵挖掘不够，旅游活动的知识性、参与性、教育性无法体现，产品类型与其丰富多彩的旅游资源不相称，与多样化、个性化的旅游市场需求不适应，符合现代旅游时尚的休闲、度假、教育、体验性旅游产品供应不足已成为中卫市旅游业发展的主要制约因素。沙坡头旅游区是宁夏开发最早的旅游区之一，但却是发展最慢的旅游景区之一，由于同沙湖旅游区资源特色的相似，导致长期以来产品开发雷同，项目单一，没有突出自身特色，出现了“一强（沙湖旅游区）一弱（沙坡头旅游区）”的局面。

第二节　乡村居民与游客的行为分析对旅游设施的影响

一、大理小城镇居民与游客的行为分析

（一）案例地游客行为基本信息

笔者根据调研问卷整理了双廊镇、喜洲镇、沙溪镇三个案例地的游客基本信息，见表4-1。

表4-1　案例地游客基本信息统计表

游客基本信息		双廊镇	喜洲镇	沙溪镇
重游率	1 次	70%	71%	55%
	2 次	22%	21%	32%
	3 次以上	8%	8%	13%
性别比	男	27%	31%	63%
	女	73%	69%	37%
年龄层次	20 岁以下	10%	7%	10%
	20~30 岁	3%	8%	17%
	30~40 岁	22%	16%	18%
	4~50 岁	58%	61%	30%
	50 岁以上	7%	8%	25%
文化水平	初中及以下	28%	12%	18%
	高中	30%	28%	19%
	大专	30%	38%	43%
	本科	10%	18%	10%
	硕士及以上	2%	4%	10%
客源地	大理本市	8%	3%	9%
	云南省	32%	22%	21%
	外省	60%	75%	70%

从游客重游率来说，沙溪古镇游客的重游率最高，其原因可能是游客对沙溪镇的满意度较高，沙溪镇的古街巷、古建都保存良好，没有过度的商业开发，古镇古朴、闲适的生活氛围得以保留，这也是很多游客期望体验的古镇氛围。

从游客性别比来说，三个古镇都是女性游客比男性游客多，其原因可能是女性游客相对男性游客有较充足的时间；从年龄层次上来说，双廊的中青年游客较多，而喜洲和沙溪镇的老年游客较多，其原因可能是双廊镇的商业氛围较浓重，夜生活丰富，而喜洲镇和沙溪镇的古建筑、有年代感的街巷、宁静的氛围是老年游客比较喜欢的。从游客文化水平上来说，喜洲镇和沙溪镇的游客整体文化水平较高，其原因可能是这两个古镇的古建筑及深厚文化底蕴都是高学历游客喜爱的，而双廊镇的开发程度大，保留古建筑相对偏少，部分游客都是来住海景客栈观赏苍洱风光的，文脉相对弱些。

从游客客源地来说，三个案例地都是以外省游客为主，其次是云南省的游客，本市游客较少，其原因可能是这几个古镇在全国旅游的口碑较好，再加上与自己生活的环境相差较大，很多外省游客愿意到此游玩，而云南省和本市的游客很多已经游览过了，或是觉得与自己生活的环境相似，游览兴趣不大。

（二）案例地游客行为研究

1. 游客感知行为

（1）游客对案例地的形象感知

1）双廊镇形象感知。未到双廊之前，大部分游客对于双廊的出游前感知的印象是苍洱风光和海景别墅，其次是名人别墅和影视取景胜地；而在游览过程中，大部分游客最感兴趣的仍然是苍洱风光和海景别墅，只是在实地感知形象的过程中，游客对当地的特色商业、美食、酒吧、民俗风情等也产生了兴趣，印象较为深刻。

从本底感知形象来说，说明双廊旅游官方的形象宣传较到位，不管是电视、网络媒介，都给游客展示了双廊最有特色的美景；而从决策感知形象来说，游客主要的旅游资料搜索还是通过各大旅游网站上的游客写的游记，说明大部分去过双廊的游客对当地旅游形象把握也较准确，这两种感知形象的叠加，最后就形成了游客的出游前感知。而游客的现场感知通过实地的游览后对双廊有了更深刻的进一步认知，对其他内容也较感兴趣。对于两次感知的对比，38% 的双廊游客觉得实际游览与想象中的差不多，34% 的游客觉得实际游览不如想象中的好，还有28% 的游客觉得实际游览比想象中的更好。总的来说，游客的这两次感知对比相差不大，说明双廊的宣传与真实情况较符合，宣传到位，而对于那些觉得实地游览不如想象中好的游客，其原因主要是双廊镇的游客太多导致拥挤不堪等，这给游客造成了较大的心理落差。

2）喜洲镇游客感知行为。未到喜洲镇游览前，游客的印象主要是白族民居、传统街巷以及当地美食，其次是当地的民俗风情，少部分游客无印象；游客在游览过程中最感兴趣的仍然是白族民居、传统街巷和当地美食，不同的是游客在整个游览过程中感知对象的内容更加丰富。55% 的游客觉得实际游览与想象的差不多，28% 游客觉得实际游览比想象中好，17% 的游客觉得实际游览不如想象中好。

游客出游前感知中，游客印象最深刻的以精品白族民居与古街巷为主，说明喜洲镇官方宣传的旅游物质文化景观宣传得较到位。而游客现场感知通过实地游览喜洲镇，游客印象最深刻的除了白族民居和街巷，还有当地特色美食，说明游客出游前感知内容与现场感知内容大体相符合。大部分的喜洲游客觉得实际游览与想象差不多，说明官方的旅游宣传与实地游览出入不大，只是缺乏了对美食这些内容的宣传；一部分游客觉得实际游览比想象中好，主要是因为喜洲镇这样精致的小城镇，让游客仿佛置身于世外桃源；少部分游客觉得实际游览不如想象中好，可能是因为这些游客更喜欢像双廊镇这样商业氛围较浓重、热闹的旅游小城镇。

（2）游客对案例地的识别和认同

游客对空间的识别是以视觉感知为主的，而对空间的认同感是以社会和文化为主的。游客对双廊镇中的具体空间场所的认同感也不同，如游客觉得魁星阁是保留古建筑，年代久远，是双廊镇的文脉体现；太阳宫是玉几岛上的标志性建筑，虽然是现代风格建筑，但是与周围环境融合度较高，并不觉得突兀，反而觉得建筑格外有特色，是双廊镇的新风貌与旧风貌的对比。

游客对喜洲镇的四方街、严家大院、题名坊、正义门、古榕树、喜洲粑粑、古民居建筑等具有较高的可识别性，特别是对白族特色古民居的较高识别性，是与双廊镇不同的，所以游客对喜洲镇整体空间认同感是精品白族民居为主的特色小镇，氛围宁静古朴，文化底蕴深厚。游客对沙溪镇的寺登四方街、古戏台、兴教寺、寨门、欧家大院、玉津桥等具有较高的可识别性，与双廊镇不同的是对古戏台和寺庙的可识别性较高，游客对沙溪镇整体空间认同感是茶马古道特色小镇，古建筑、古街巷较多且保存良好，氛围更加宁静古朴，茶马古道文化底蕴浓厚。

2. 游客游览行为

（1）游客游览路线与交通方式

根据游客的出游情况有团队游客和散客之分，团队游客的游览有较固定的路线，游览时间也较少；而散客游览路线不固定，游览时间可自由支配，较充裕。根据游客的从众心理，散客的游览行为受团队游客的影响较大。通过在旅游网站上收集大理跟团游产品的游览行程安排，可以进一步了解团队游客的游览行为。

团队游客的游览行程一般将双廊镇和喜洲镇安排在同一天，且一般是上午游览喜洲镇，游览时间约30 分钟，然后下午游览双廊镇，且安排了双廊镇电瓶车骑行游览路线；游客也可以选择自由步行游览，晚上住宿在双廊镇。也有行程安排是先到达双廊镇，住一晚，第二天骑电瓶车游览喜洲镇，在严家民居品尝三道茶。而沙溪镇的游览行程一般是从丽江乘车去，车程2 个小时，沙溪镇的游览时间约1.5 小时。调查发现，旅行社将这三个古镇安排在同一个行程内的跟团游产品数量较少。

1）双廊镇的游客游览路线与交通方式。双廊游客的游览路线大致可分为两种：一是沿着主干道环海路街巷游览，游览场所有：市场（古戏台）→魁星阁广场→飞燕寺广场→大建旁本主庙。二是从主干道开始沿着环海小路游览，游览的场所有：市场（古戏台）→魁星阁广场→玉波阁→玉几庵→太阳宫→赵青别墅→滨水巷道→码头→渔文化广场→古榕树广场→李家院→海地生活观景平台。

其中部分团队游客的游览路线是直接在码头下车乘船去南诏风情岛游玩，游览时间在2 个小时以内，其他旅游景点不参观；而有的团队游客可自由选择是步行游览小城镇还是电瓶车骑行游览。团队游客对散客游览线路影响较大的是在南诏风情岛上，笔者在调研中发现很多散客在南诏风情岛上的游览会跟着团队游客，主要是因为团队游客有专门的导游带队讲解，可以更清楚地了解南诏风情岛景点的内涵。

游客在双廊镇游览的主要交通方式是步行，小部分的游客租电瓶车或自行车游览。两种交通方式相比较，步行的游览方式能更好地体验双廊，因为电瓶车的游览路线是走主街巷，所以游览的场所主要是第一条路线，其中给游客记忆深刻的空间场所较少，可能只有市场、魁星阁、大青树广场和大建旁的本主庙。游客会忽略很多小的空间场所，如市场里的古戏台和大青树后的飞燕寺等古建景点，这些古建筑年代较久，保存较为良好，现如今都已成为当地中老年活动中心，进入参观的游客较少，不过古戏台在节庆日还是保留了其演出的功能，市场内的摊子都会空出来，整个市场就成了当地人聚集观看表演的场所。而用步行的方式，可以游览较窄的沿海街巷，玉几岛、岛依旁和大建旁的小巷都可以游览到，其游览路线可选择第二种游览路线，也可以是第三种游览路线。总之步行的游览方式能够更好游览双廊，当然也不排除有些游客是步行和电瓶车两种方式相结合的方式游览（图4-1）。

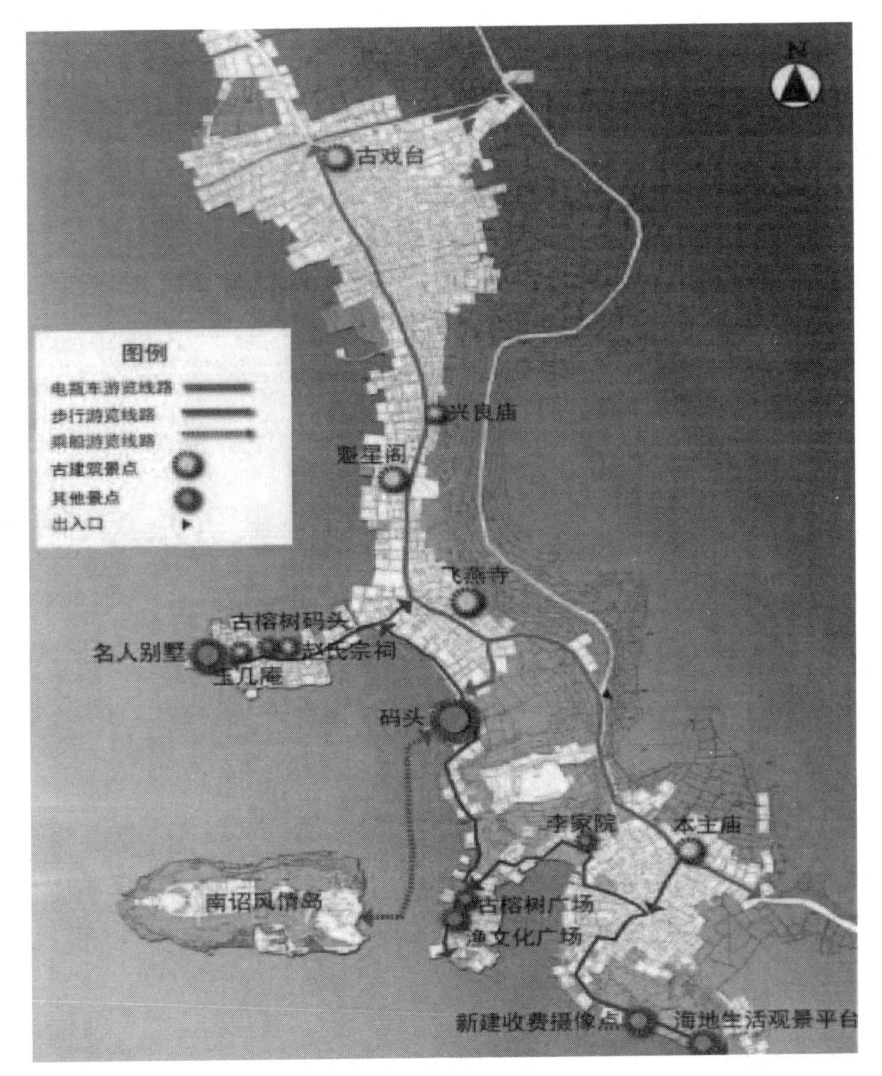

图4-1　双廊镇游客游览线路图

2）喜洲镇的游客游览路线。喜洲镇团队游客的游览路线较简单，大致分为两种：四方街→严家大院/严家民居/宝成府；喜韵居（不进入古镇内部）。团队游客在喜洲镇游览的时间较短，一般不在喜洲住宿，对散客游览路线的影响较小。

游客的游览路线不太固定，游客会随意进入各院落小巷游览。大部分游客会从入口1 进入，一路游览至四方街，或在其他街巷闲逛，然后从入口2 或3 出来，或是沿路返回从入口1 出来，入口4 是骑行游客的主要进出口（图4-2）。由于喜洲主镇区游览范围较小，且供游客参观游客的白族民居较多，所以游客多以徒步游览为主。

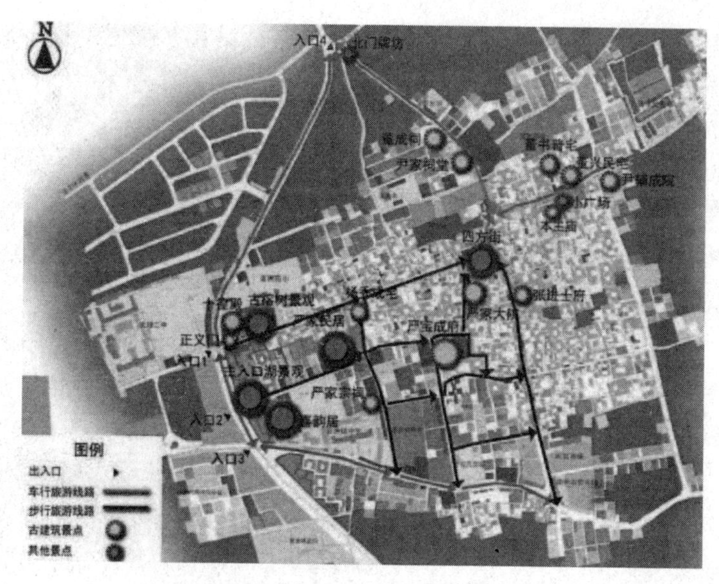

图4-2　喜洲镇游客游览路线图

3）沙溪古镇的游客游览路线。团队游客在沙溪镇的游览路线一般是从寺登街入口进入，一路游览北古宗巷→欧家大院→四方街→古戏台→兴教寺→南古宗巷→南寨门→玉津桥。沙溪镇只作为团队游览行程中的某个短暂参观的景点，游览时间约1.5 个小时，一般不在沙溪住宿。

但是对于散客来说，不管是从大理还是从丽江出发，到沙溪镇的乘车时间要花费3 个小时以上，因为大部分散客会选择至少在沙溪镇住宿一晚，有的游客待的时间可能更长，他们的游览时间充裕，受团队游客游览路线的影响相对较小。散客的主要游览路线与团队游客相似，只是有的散客会随意在小巷里游览，游览线路不定。

沙溪古镇的街巷是古老的红砂石铺地，街巷两边有绿化和水渠景观，整个街巷环境宜人，更加适合游客步行体验，所以游客主要以步行的形式游览，也有少部分游客体验在马背上游览茶马古道。

（2）游客停留行为

1）双廊镇游客停留行为。由于双廊镇的范围较大，游客在游览的过程中会选择合适的地方休憩停留，这也是一种静态的游览方式，游客在休憩停留时会观察周围的空间环境，会对空间环境产生更进一步的感知，也可能会产生摄影行为。对于双廊来说拥有良好的自然停留条件——洱海风光，所以在滨水巷道停留的游客较多，哪怕没有足够多的休憩座椅，也有很多游客停留拍照。

调查发现，游客在双廊游览过程中，停留的地方主要是以下地方：南诏风情岛、玉几岛、大建旁（包括海地生活观景平台在内）、滨水街巷、飞燕寺广场、码头等，而吸引游客停留的往往都是美食、特色商铺和洱海美景，这些特征吸引很多游客聚集于此，有利于交往行为的产生。

2）沙溪镇游客停留行为。游客主要的游览区域是寺登街区和黑惠江滨水区域，通过问卷收集与实地观察发现，大部分的游客觉得最有特色的地方是四方街和滨水空间，停留时间最长的地方也是四方街和滨水空间，其次是古街巷和玉津桥。说明作为意向空间五要素中的节点、边界和街巷是游客觉得比较有特色的空间。沙溪游客的交往行为也经常发生在这些空间，因为游客聚集，商铺也较多，容易发生游客与原住民和其他游客的交往行为，进而满足游客旅游的交往需求。

二、福建龙岩连城县居民与游客的行为分析

（一）调查问卷材料

此次调查问卷的时间为跨经泼水节游客高峰期，共发放500份调查问卷，涉及连城县各个景区、企业，最终获得430份有效问卷。伴随着旅游业的蓬勃发展，各地区之间旅游业竞争日益激烈，旅游市场需求的持续旺盛，旅游行政部门及旅游企业也逐渐认识到，进行科学合理的旅游市场细分已成为旅游业又好又快发展的关键。旅游市场细分的重点依据在于旅游者的人口统计学特征分析。连城县旅游市场的调查结果分析中，从性别方面来看，连城县当前的旅游者中男性游客比例较高，占了游客总量的56.73%。年龄结构方面，青少年和中青年所占比例相对较高，而儿童和61岁以上的老年游客所占比例相对较少，分别占3.95%和4.88%。文化背景方面，连城县游客以大专学历为主要组成部分，占游客总数的31.40%；其次是本科学历、高中及高中以下学历；硕士和硕士以上的学历所占的比重相对较小，仅为6.74%。从个人收入方面来看，连城县旅游者的收入方面比重最大的是2501~4000元区间，占被访旅游者总数的41.86%；其次是1001~2500元的游客，占23.72%；而收入在4001~8000元、1000元以下、8001元以上的游客分别占17.44%、9.77%和7.21%。

（二）调查问卷结果分析

1. 连城县国内旅游客源市场空间结构分析

（1）国内旅游流强度空间分布特点

以各旅游客源片区的省、自治区、直辖市人民政府所在地（西南以成都为代表、华北以北京为代表、中南以长沙为代表、华东以上海为代表、西北以兰州为代表、东北以沈阳为代表）作为该旅游片区前往连城旅游的平均出发地区，以连城为中心，以既定的空间距离为半径，构建连城与各旅游客源地的空间距离关系，继而计算出各个区域范围内的旅游流量的市场份额，最后绘制出旅游客源片区产生的旅游流强度伴随着连城县旅游空间距离增加而衰减的模式图例（图4-3）。

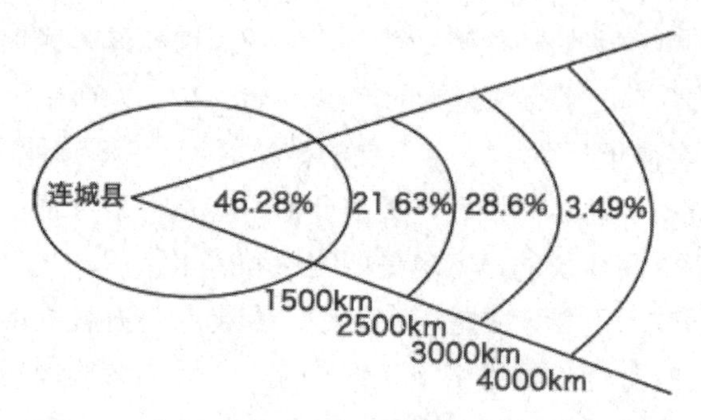

图 4-3　连城县旅游流强度随空间距离衰减模式图

调查结果显示，从国内市场来看，连城地区以云南省为主的西南地区游客占绝对优势，比例将近一半。以上海、江苏为主的华东地区和以广东、湖南为主的中南地区客源市场次之，约占20%。华北地区主要以北京为主，约占28.60%。云南省客源市场在全国市场中仍然占据重要地位，由此可以看出连城地区的客源市场受限于云南省内以及临近省份，部分来自上海、广东、北京等大省市。总体呈现以省内为主、省外为辅的客源分布特征。

云南省内的游客市场，有42.45% 来自西双版纳，其次是昆明、红河、丽江等地区。总体而言，省外及国外游客市场对于连城来说开发空间仍然较大，亟待挖掘潜力。

（2）连城县国内旅游市场集中度分析

旅游业被认为是一个较为不稳定的产业，旅游客源地区的经济、社会发展水平也经常会影响区域旅游业的和谐稳定发展。从国内外关于空间结构分析指标的相关研究看，地理集中指数逐渐得到广泛的运用，地理集中度成为衡量客源市场集中程度的指标，计算公式为：

$$G = 100 \times \sqrt{\sum_{i=1}^{n} (\frac{X_i}{T})^2}$$

上式中：G 代表客源目的地的地理集中指数；X_i 表示第i个客源市场的旅游者数量；T 代表旅游地接待旅游者的总量；n代表客源地的总数量。G 取值在0到100 之间，地理集中指数值越接近100，表明旅游客源市场越集中；地理集中指数值越接近0，表示旅游客源市场越分散。当地理集中指数值为100 时，表明客源地只有一个稳定区域；地理集中指数值为最小值0 时，表示其旅游客源地的区域数量接近无穷大。对于任何旅游目的地来说，地理集中指数值适中最合适，若地理集中指数过大，表明旅游客源市场过分集中，旅游经营的稳定性相对较差；地理集中指数值太小，表明客源市场又过于分散，不便于旅游市场的营销和主要客源市场的确定。根据《连城县旅游市场调查问卷》中的数据计算得出连城县旅游客源市场地理集中指数。从计算结果来看，G 值得分为54.76，表明连城县旅游客源市场的空间分布较为集中，尽管这样有利于连城县旅游市场营销的开展，但是这也表明连城县旅游客源市场的稳定性还比较差，将来应大力扩展西南客源片区以外的旅游市场，从而提升旅游市场空间的稳定性。

（3）连城县旅游客源市场吸引半径分析

分析旅游地吸引力的重要指标就是客源吸引半径。研究表明，旅游目的地的吸引半径大小与吸引力成正比。依据L.J. 史密斯（L.J. Smith ）提出的中心地标准距离公式计算可得：

$$AR=\sqrt{\sum_{i=1}^{n}X_i^2d_i^2/\sum_{i=1}^{n}X_i^2}$$

上式中：AR 代表旅游地的客源吸引半径；X_i 为第i个客源地的游客比重；d_i 为第i个客源地与旅游地之间的距离；n为客源地总数。根据AR 的计算公式及相关数据计算得出：连城县的客源吸引半径AR=1895.76，说明其在省外有一定的知名度，吸引范围很大，吸引力比较强，因此吸引半径较大，具有相当大的开发潜力。在其吸引半径的范围内，国内游客占65.35%。

2. 游客行为特征分析

旅游者需求与消费的行为分析不仅是旅游前沿研究而且是旅游营销的核心。进行旅游市场营销，包括旅游产品更新等问题的重点是围绕分析旅游者的行为特征而展开，这是旅游地市场营销的科学支持。根据问卷调查结果来看，连城县游客的出游主要动机是占到49.3% 的观光游览，其次是边境旅游和体验民俗旅游，分别占33.72% 和31.86%，这还说明连城旅游业发展还处在初级的观光旅游阶段，旅游产品有待优化升级。从被访者的旅游方式来看，游客组合形式以家庭游、与朋友或者旅行团组合形式为主，与家人、朋友组合形式高达57% 以上，而参团的游客只占20.7%。这显示出连城的游客当中，散客占有相当大的比例，这反映了自《旅游法》推出后，旅游市场的变化，也反映出现代人追求自由，享受自由的心理特征，说明连城旅游市场有一定的发展基础。但连城组团旅游市场发展遇到瓶颈，今后组团游客市场的开发是连城扩大游客量的重点，这需要连城旅游市场和外界组团进一步深入合作。从连城县被访游客的旅游时间来看，以节假日和周末出游的游客居多，分别占被访者游客的40.23% 和17.44%，总计所占比例超过57%，说明连城游客高峰期依然集中于“十一”长假等旅游黄金周，由此连城要重视关于旅游黄金周的市场营销与服务。其次请假旅游的游客所占比例超过了13%，说明现代人越来越重视工作时间与旅游休闲时间的平衡，在允许的情况下实现请假旅游，说明连城越来越成为人们工作之余的休闲之地，有着潜在的客源市场。从被访者的逗留时间来看，连城游客大多在连城停留一天（26.98%）到两天（31.40%），三天（18.60%）以及三天以上（19.30%）的游客所占比例较少。这种现状主要是因为连城旅游产业发展不平衡，食、住、行、游、娱、购六要素发展相对滞后。根据问卷调查显示，游客的旅游信息来源38.26%是来自亲朋好友，29.30%是来自旅行社，还有剩下的32.44%是来自网络信息。这些跟游客的年龄结构与收入水平叠加之后，会发现游客的消费理性成熟度与他们获取信息的自助度呈正相关，因此连城县旅游市场宣传应进一步加强网络营销。由上述对旅游者行为特征的分析显示，连城县旅游市场尚处于传统观光与门票经济的初级阶段，还有待进一步的开发。

第五章

乡村旅游公共设施改造

第一节　公共设施总体规划改造

一、乡村旅游的相关理论

（一）乡村景观与旅游资源开发研究

乡村景观是一种半原生状态下的景观生态系统，介于自然景观和人工景观之间，是自然资源和人类对于自然资源利用的整合与综合表现，具有重要的经济价值、社会价值和美学价值。作为自然与人文因素相互作用的复合产物，乡村景观是一种不断发展更新的旅游资源，能够被人们管理、整治和再创造。同时，乡村自然景观和人文资源还具有唯一性和不可替代性。由于景观资源的供给有限，景观需求不断增加，人们对野生自然景观和原生态文化景观的需求不断增长，因此，强化和增加乡村景观作为旅游资源的经济价值，注重景观与生态、文化的整合成为关注的重点。

乡村景观作为一种旅游资源形式，可以通过多种途径进行价值评价。很多发达国家通过对就业结构、人口结构、居住条件、土地利用等不同指标进行统计分析，考察乡村景观在地方性与现代化、原真性与商业化、保护与发展之间的均衡程度，衡量乡村景观特征与发展水平。景观评价不单纯是基于资源利用的经济价值评估，而是包含了景观功能评价、景观偏好评价与体验评价两部分的综合评价。景观功能评价主要包括景观效用价值、功能价值、美学价值、休闲价值和生态价值等内容。景观偏好评价与体验评价是根据声音、气味、触觉等对景观的感官质量进行评价，并将其作为乡村规划和管理的完整组成部分进行考虑，主要内容有：根据景观的属性、质量或稀缺性评价景观资源状态，它是决定土地利用和发展战略的基础；对比分析不同场地景观的属性、特点、质量或稀缺性，作为开发控制性决策的依据；对景观发展建设形成的视觉影响地带的特征分析；对不同景观变化的敏感度指征分析；对不同功能的景观进行适宜度评价。

乡村景观评价是对景观评价的进一步深化与细化，是乡村旅游规划设计的理论和技术基础。同济大学刘滨谊教授从风景旅游开发规划的角度提出了AVC（Attraction—Validity—Capacity）理论，即风景旅游地建设的“吸引力——生命力——承载力”的规划理论。

（二）乡村景观规划与休闲游憩景观理论

乡村景观是大地景观的重要组成部分，在景观格局中占主体地位。随着社会经济的发展，乡村景观规划已经成为大地景观规划的重要内容之一。乡村景观规划是应用景观生态学原理，合理解决并安排乡村土地及土地上的物质和空间，重点在于规划乡村土地利用和控制乡村景观格局，建立较为合理、可靠的乡村景观规划理念，探索乡村景观规划的原则和策略，以求创建高效、安全、健康、舒适、优美的人居环境，并创建一个可持续发展的乡村整体生态系统。随着旅游业从单一的观光旅游向休闲旅游转变，乡村旅游作为休闲旅游的重要组成部分，对乡村旅游景观特别是休闲游憩景观提出了较高的要求。休闲游憩景观直接受到旅游服务设施设计、休闲娱乐项目开发等因素的影响，涉及吃、住、行、游、娱等各个方面。在乡村景观规划中注重对休闲游憩景观的统一控制，可以避免低水平重复建设以及对原生态景观的破坏。同时，乡村休闲游憩景观注重在对乡村旅游资源进行开发和包装时，开发农事参与、农家娱乐以及田园风光休闲度假等活动，将多种民间文化、饮食文化、生态文化等融入乡村景观之中。

二、山地城镇规划与设计的相关理论

（一）山地建筑与城市规划理论

1. 山地城市学

我国山地和丘陵占国土面积的三分之二以上，山地城市和城镇的数量也占了较大比例。在山地城市和区域开发的过程中，经济发展与生态环境的平衡、城市发展与土地资源集约利用之间存在着较为突出的矛盾。如何珍惜并有效利用有限而脆弱的山地资源，建设更适合于人与自然共生共荣的山地人居环境，是山地城市建设的重要问题，这主要涉及山地资源、人口与环境、山地城乡生态化、山地生态系统管治等几个方面。山地城市学由黄光宇教授创立，其核心思想就是将生态学的基本理念引入山地城镇规划理论及方法体系，探索我国密集人口和文化背景下的山地城市空间结构的发展模式，以及相应的山地城市空间结构布局基本原则和发展理念，包括有机分散与紧凑集中相结合原则，就地平衡、多中心组团结构原则，绿地楔入原则，生物多样性、文化多样性和景观多样性原则，个性特色原则等方面，解决山地城镇规划决策中的经济、社会、生态环境、美学和技术性等问题，指导山地城市的规划与建设。山地城市空间结构的生态学研究，将崇尚自然的传统哲学理念与现代生态文明理念相结合，力求建构城市扩张与自然演进的平衡机制，创造山地高密集立体文化特点的空间结构模式，从而实现山地城市的可持续发展。

2. 山地建筑设计

山地建筑设计以人类的山地建筑活动为研究对象，通过探讨地质、地形、气候、水文、植被等对山地建筑及其环境的影响，分析山地建筑的不定基面、山屋共融等基本特征，并对建筑的接地方式、形体表现和空间形态等各种模式进行归纳和总结，对建筑设计实践具有积极的指导意义。

由于山地环境存在地形起伏、生态敏感、地域文化差异、工程技术复杂等问题，形成了乡村人居环境与山地自然生态环境之间的特殊依赖关系，同时也构成了山地村镇建筑与空间的丰富性与差异性。不论是新建还是改造，山地村镇的建筑常常与堡坎、台阶等联系在一起，对村镇景观构成了直接而显著的影响。同时，在发展乡村旅游的背景下，游客中心、乡村旅馆等旅游建筑设施的建设成为乡村旅游发展的重要内容，并成为山地村镇景观的重要组成部分。

（二）村镇改造理论与实践

1. 有机更新理论

“有机更新”是由吴良镛教授在对中西方城市发展历史及城市规划理论的充分认识上，结合北京旧城规划建设的研究及实践经验而提出的。“有机更新”是按照城市内在的发展规律，顺应城市之肌理，在可持续发展的基础上，探求城市的更新与发展。吴良镛教授在其《北京旧城与菊儿胡同》一书中总结到：“所谓‘有机更新’即采用适当规模、合适尺度，依据改造的内容与要求，妥善处理目前与将来的关系，不断提高规划设计质量，使每一片的发展达到相对的完整性，这样集无数相对完整性之和，即能促进北京旧城的整体环境得到改善，达到有机更新的目的。”

2. 村镇改造实例分析

国内早期进行乡村旅游开发的村镇多是一些自身条件较好、旅游资源丰富的传统古村镇，如丽江、周庄、宏村等，相关实例较为丰富。近几年来，村镇改造及景观整治的类型及方式逐渐多元化，也产生了一些较为成功的改造案例，对于目前山地村镇的旅游开发和改造设计而言，具有一定的参考及借鉴意义。

（1）成都锦江区三圣乡红砂村整治

1）基本情况。成都市锦江区三圣乡由5 个村庄构成，每个村庄都被建设成为独具特色的乡村旅游区，以花卉为形象代表，俗称“五朵金花”，即：“鲜花”——花乡农居、“梅花”——幸福默林、“菜花”——江家菜地、“菊花”——东篱菊园、“荷花”——荷塘月色。红砂村又名花乡农居，是“五朵金花”中最早推出，开发较为完善的一个景区，距市区二环路约7 千米，纳入成都半小时都市圈的范围。

2）效果及经验。通过基于产业发展的村庄整治，红砂村的村容村貌获得了很大改善，规模化、现代化的花卉生产基地也吸引了大量游客观光，有力地促进了乡村经济发展。从整个三圣乡来看，“村容整洁”与“生产发展”也同样是密不可分的整体。可见，村镇改造不能脱离产业发展的前提目标，应避免只注重物质形态方面的变化而导致盲目攀比和大拆大建的现象。

（2）北京平谷区镇罗营镇玻璃台村改造

1）改造背景。玻璃台村处于金海湖—大峡谷—大溶洞风景名胜区的二级保护区内，是典型的山区村落，以石头为主要材料的民居三五成片地分布在乡村自然环境之中。由于耕地很少，农民在村落改造前主要从事林果业，人均年收入只有2750元，经济水平落后。因此，发展以农民为主体的休闲旅游业，实现“旅游富民”是玻璃台村旧村改造的重要目标，即发掘当地自然的、人文的资源，改善原有山村居住条件，发展民俗、绿色为主题的休闲、观光旅游，并积极创造条件，使居民从农业人口逐渐转型到旅游服务业、商业人口，增加农民的收入。

2）改造策略。

①总体布局：对现有路网中不合适的路段进行整修调整。将过境路南移到石河以南，设置绿化广场，供村民和游人的休息、活动；在村庄入口处设置村委会，兼作旅游接待中心；西侧设置集中停车场。

②河流整治：将河流景观环境整治与防洪相结合，打造亲水空间。石河是季节河，春冬季水从地下流走，因此河道不明确，垃圾堆满河床。在改造中将砂石地质的村前一段河底进行铺装处理，把地下暗流引出地面；在上游和中游各设一处水坝，形成水面景观。

③建筑设计：新民居设计借鉴传统的院落式布局，以四合院为原型，加以改进，既保持乡村风貌，又兼顾生产生活和产业发展。

④新技术的应用：原玻璃台村没有集中的污水排放和处理系统，各户自建小化粪池，污水由砂石地直接渗入土中。随着旅游的发展，污水量大大增加，可能造成环境污染。因此，根据分散布局的特点，每10~20家化粪池设一个化粪池带，化粪池出来的污水经生物处理池沉淀、降解、过滤，达到国家标准后排放。

⑤资金运作：改造资金由政府和农民共同承担。政府承担基础设施建设费、服务管理费与新能源新技术费；农民承担的新民居建设资金。由农民自出部分和政府担保的贷款两部分组成。

（3）杭州梅家坞村空间环境整治

1）整治背景。梅家坞村位于杭州西湖风景区内，是著名的龙井茶生产地，它与外大桥等乡土村落，以及云栖竹径等景点构成了“十里梅坞”旅游休闲景区。“十里梅坞”为线型的山坞空间，各自然村落相对隔离。道路两侧青山蜿蜒、山中静幽、绿茶成垅。梅家坞村的建筑依山就势，溪流穿村而过，临水有亲水埠头，其物质空间形态表现为山、水、街、屋相互依存的关系。

2）整治原则。一是可达性：除与城市交通方便外，村落内部道路也要方便游客，同时，道路本身应体现休闲性；二是自然生态性：从整体环境塑造角度出发，对真山真水加以“修理”；三是强调地域文化：突出梅家坞的茶文化及演绎出来的人文资源，如诗词画、名人游记等，强调“茶”文化的特色；四是具有场所特征；五是将梅家坞松散、自由的环境进行整合，使建筑与环境共同构成具有显著特性的统一整体，即“场所”；六是创造园林意境：以茶园、风景林为景区基调，创造清新怡人的园林意境。

3）整治策略。

①空间环境整合策略。首先，将村落及其周边地区作为一个有机整体加以整合，组织“十里梅坞”景区总体空间布局，协调乡村茶文化旅游中心（老村）、茶乡新乡村休闲旅游区（新村）、小牙坞家庭旅馆休闲度假区、象鼻岩山村旅游区、梅竺渔村、白沙坞自然茶园风光区、天竺坞壶中天地休闲度假区、十里琅珰古道旅游区等景点，构建入口牌坊、两岸青山、茶园古树、溪流山涧、梅家坞特色村、云溪竹径等要素组成的空间序列，达到景观完整、生态连续、多元共生的空间格局（图5-1）。其二，组织梅家坞等老村的空间布局。梅家坞老村是总体空间环境的重点和高潮所在。通过整合形成梅家坞老村一带、三片、多点的休闲空间布局。最后，整合建筑室内外休闲空间。室外休闲空间是梅家坞等老村休闲空间的主要部分，主要有建筑前院、三合院、四合院等建筑院落，以及建筑屋顶、廊道等外部休闲空间，并通过沿溪、沿路、沿游步道两侧、沿山边布置，形成外部休闲空间网络（图5-2）。通过规划整合使山、溪、路、桥、古树、茶园、路灯、牌坊、休息座椅、售卖点建筑等成为茶文化特色村落的重要要素。

图5-1　梅家坞入口牌坊

图5-2　室外休闲空间

②建筑改造策略：因地制宜进行立面改造，整合建筑风格，体现山居风貌，恢复白墙黑瓦、建筑顺山势层层叠叠的自然村落风光（图5-3）。首先，对有特色老屋（清末民居）进行保护与修缮，使之成为其他建筑整治的蓝本。（图5-4）保留传统建筑底层可灵活脱卸的门扇，使空间可敞可闭，室内外环境互相渗透。同时，以这些老屋为中心，疏散周围空间，增加绿地和休闲场所。

图5-3　梅家坞村的农宅

图5-4　梅家坞村建筑改造成果

③基础设施更新：完善道路功能，健全市政工程设施，增加休闲绿地，在改善村民生活环境的同时，提升梅家坞的旅游休闲品质。充分利用现状道路条件确定道路走向、道路断面；设置车行道和人行步道，考虑人的休闲空间尺度要求；采用传统的卵石、石板与青砖做道路面层（图5-5），同时，增加停车设施；结合工程管线入地及行道树、街道公用设施的布局，重新铺设人行道；增加排水排污等设施；拆除违章建筑，增加休闲绿地，使溪流和道路两侧绿化、庭院绿化、边坡绿化等与外部环境相得益彰。

图5-5　梅家坞村的道路

4）借鉴意义。在技术层面将旅游策划与建筑规划设计相结合。如首先进行旅游策划，提出资源保护和旅游开发的总体思路，然后进行“十里梅坞”景区的总体规划、梅家坞茶文化特色村详细规划和整合设计。同时，成立规划、建筑、园林专家组成的咨询小组，让技术专家把关。在资金层面实行“民办公助”政策，确保资金来源。

通过综合整治，梅家坞村的乡村旅游开发和自然环境保护得以有效协调，不仅带来更多的经济收入，也使当地居民对于乡村资源的价值、保护和利用方式有了新的认识，为休闲经济发展提供了可持续的动力。同时，在整治的过程中还挖掘整理出多个历史文化景观，丰富了乡村旅游产品。梅家坞村逐步成为具有赏景、品茶、休闲功能的农家休闲村落和乡村茶文化旅游中心。

（4）重庆市鱼嘴镇双溪村风貌整治

1）指导原则。政府引导，农民自愿；量力而行，循序渐进延续乡土特色，体现乡村风貌。

2）设计理念。

①环境本土化。尊重乡村自然环境：保护农田肌理、溪流水景等自然因素，结合地形进行农业生态建设。对乡村特色景观资源进行适度开发，发展乡村旅游；结合产业布局，构建新乡村生活圈。有种牧草养奶牛、栽桑养蚕两大主导产业的基础上，发展瓜果、旅游休闲等产业，结合产业布局进行乡村风貌整治设计，构建农业生产、居住生活、旅游观光相适宜的乡村环境。

②建筑本土化。建筑形态和风格的本土化：延续本地民居和乡村建筑的风格，提炼传统形式的基本结构，结合当今实用性做相应取舍和改良：建筑布局与材料本土化：结合山水自然环境，在建筑选址、围合方式、体量组合等方面体现本地传统建筑布局特点；选用地方材料及适宜的建造技术，体现传统建筑特色。

③提取本土元素。首先是本土环境元素提取。山水元素：在有效保护生态环境的基础上适度开发，合理利用自然资源。加强景观节点的设计及自然形态的水岸线处理，保持浅丘山林地的自然形态和物种多样化，建立整体的乡村自然风貌结构。田园风貌特征：通过保护现有农田和具有田园风貌的景观设计，营造区别于城市景观和一般休闲旅游区的独特性的新型田园风光。人文活动景观：挖掘当地具有传统意义的人文活动场所，特别是村镇中心街、场等公共空间，强化其场所精神，为村民和游客提供多种文化活动场所。其次是本土建筑元素提取。村落形态及建筑布局：现状村落形态结合地形地貌呈组团形式自然散落，建筑布局为山地合院式，包括四合院、三合院、二合院和前坝后屋的布局形式，在改建和新建建筑时作为借鉴的特征元素；屋顶：当地传统民宅多为小青瓦坡屋顶建筑，在风貌整治过程中应利用坡屋顶强化乡土的气息；墙体：木穿斗和砖石墙体承重是当地建筑结构的特色，在立面风貌设计中可将其作为统一的墙面装饰元素；门窗细部：从传统渝东民居中找到借鉴模式，形成统一的门窗风格，对出挑装饰木垂花、木栏杆、柱础、窗花等当地传统民居的细部元素进行提炼和利用。

3）风貌整治设计。

①整体布局。根据村内现有的产业分布状况和自然景观分布特点，确立一个农家风情展示区、一条乡村自然水系风光带、四个特色农业观光园的“一区、一带、四园”的乡村结构（图5-6）。

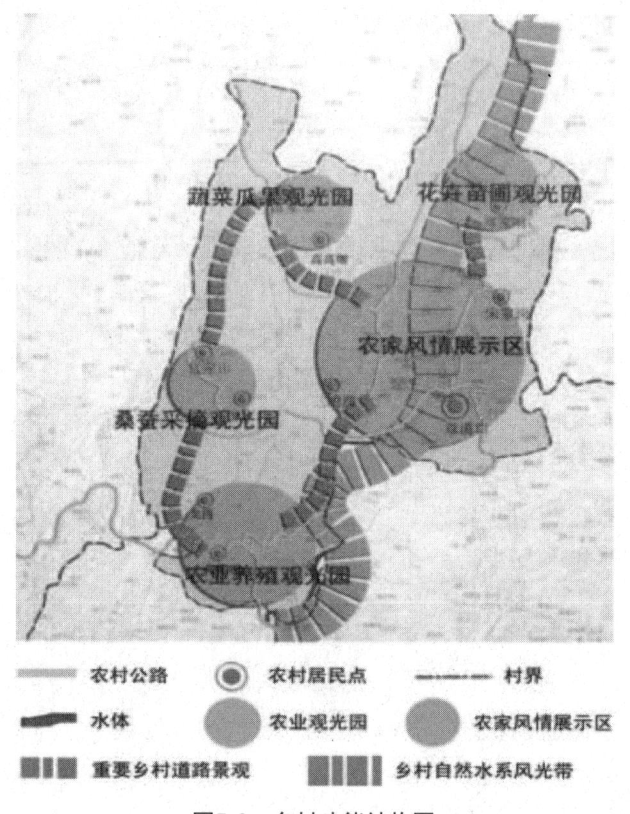

图5-6　乡村功能结构图

②节点景观改造。中心街、场空间：创造尺度适宜、驻行便捷的村庄聚散场所，突出其中心性特征，适当铺设质朴素雅的硬质铺底，配以素净简洁的绿化，丰宫街道边界空间细部，为当地人文活动提供场所条件；水坝空间：结合村庄水坝和溪边竹林、石滩穿插设置滨水步道、亲水平台和观景平台，供人们休憩游玩与观赏；树下空间：增设乡土风格的休闲座椅等景观小品，为村民提供休憩、纳凉、交往的公共活动场所；田园空间：强化坡地梯田自然形态，延伸至溪边形成逐层跌落的台地。结合农作物的季象变化，打造四季各异、空间视觉层次丰富的田园大地景观。在对自然景观与道路景观规划设计环节中，加强乡村居民点内环卫设施的布点工作。同时，合理规划燃料存放空间，推广清洁能源，如秸秆、沼气等，以改变乡村的环境卫生状况，实现村容整洁。

③建筑改造。对于具有保护价值的传统木构穿斗建筑，按照传统民居形式与构造进行修缮，加固建筑结构，更换部分腐烂木构件，重制损毁丢失的部件；拆除年代较久、质量较差的建筑与构筑物。对现状质量较好，修建年代较新的建筑采取外观改造的策略，重点对建筑立面形态进行整治，例如进行平改坡、材质和建筑元素的改造等，使其具有传统建筑的特色。

根据经济的可行性和产业的相关性，将建筑改造方式分为理想型、适用型和经济型三类（见图5-7）。按照不同的类型选择适宜的改造模式，从屋顶、墙体、门窗等方面制定有针对性的改造对策，加强建筑的整体性和协调性。理想型：以建筑风貌改造为主，参照传统样式，加建或改建坡屋顶，尽量恢复传统风貌；适用型：基本保持建筑原貌，结合传统样式，局部改建，增加简单构件，在节约成本的基础上取得良好风貌；经济型：对于不处于重要景观视线范围和不承担重要功能的建筑，拆除乱搭建，改良建筑表面涂饰，以达到建筑风貌的统一。对新建建筑而言，提出控制原则：一是符合渝东民居的传统风貌特征，体现乡土气息，建筑布局以院落式布局为主，形成聚集的空间场所；二是建筑结合本地传统的民居的坡屋顶等形式，采用现代设计手法，以“平坡结合”的方式，提供屋顶室外晾晒和活动平台，满足乡村生活需求；三是建筑色彩以白墙、灰墙、清水砖墙勾缝、小青瓦等处理方式呈现；四是建筑基脚部分统一元素，采用条石或仿石材贴面材料；五是建筑门窗、雨棚、空调罩等构件也应体现传统建筑特征。

理想型

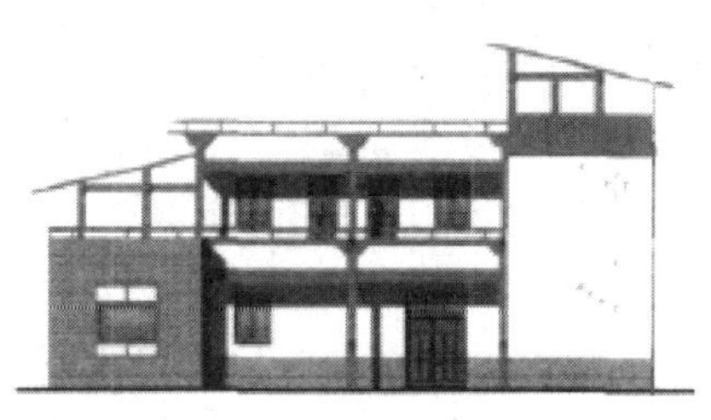

适用型

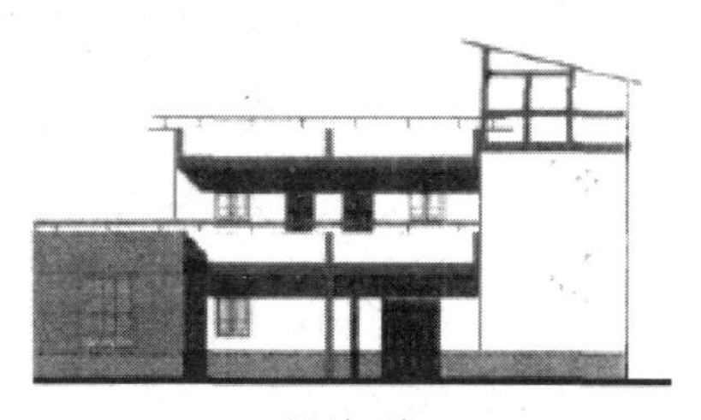

经济型

图5-7　建筑改造类型

④改造时序。首先着重于交通干道沿线（包括场镇街道）建筑的改造，当这一部分项目自身产生经济效益以后，再将改造整治范围逐步扩大。先期的改造项目带来的社会效益和经济效益以及示范作用，可以为后来的公共设施建设提供资金，也可以充分有效地带动其他居民的建设积极性。

三、山地村镇旅游开发的相关研究

（一）影响乡村旅游开发的主要因素

从国内外乡村旅游的发展历程与特点来看，影响乡村旅游开发的因素主要包括旅游资源特色、乡村环境、旅游设施建设和旅游产品开发等四个方面。

1. 旅游资源特色

乡村旅游资源特色主要是指有别于城市旅游的景观吸引物体系，基于乡村特殊的地域和文化承载空间，以及由乡村传递出的意境和文化景观特色等。乡村旅游资源包含了具有特色的农业、林业等产业资源、特有景观、特色餐饮、土特产品、民俗风情等。在目前乡村旅游资源的组合配置上，主要存在两种形式：一种是基于纯粹的农副产业景观的旅游开发，主要位于农副业基础较好的区域，例如大规模的花木基地，多种类的经济果林、蔬菜园区，一定面积的天然或人工水面，新兴乡镇企业园区、乡村新社区等。这种旅游资源建立在农业产业化、综合化发展的基础上，能充分发挥农业各产业的自身优势。对于山地城市近郊村镇来说，可以借助良好的区位优势和交通条件，发展为主城区服务的综合性农业产业基地，并以此带动乡村旅游业的发展；另一种是农产业景观结合著名旅游景点的综合开发，借助已有旅游目的地或核心景区的吸引力和客源优势发展乡村旅游，把单纯的观光旅游与体验乡村风貌结合起来。由于核心景区客源溢出、就近扩张、产品升级的影响和形象共生的需求，乡村旅游资源的利用也相对有所依托。

2. 乡村环境

乡村环境是指乡村自然环境、社会环境、公共环境、历史和人文环境等，包括山水田园景观、乡村整体环境、乡土建筑、传统民居、乡村社会治安等要素。从乡村旅游的形象来看，乡村环境主要是指不同于城市环境的低密度的居住聚落、充满趣味的游憩空间、农业为主的产业形态、季节性的生产活动等，其地域性和生态性要求突出。

3. 旅游设施建设

旅游设施是指基础设施和旅游服务设施两部分，包含道路、管网、生活配套设施、食宿接待设施、医疗卫生配套、停车场等。从旅游消费情况来看，乡村旅游的消费主要集中在交通、食宿、购物等方面，而在休闲、娱乐等方面消费直接受到旅游服务设施建设水平的影响。由于游客的增多，出现了提升乡村旅游质量、引导游客充分消费、完善服务功能、提供全面旅游服务信息为目标的旅游服务中心。这类旅游设施的优劣直接影响着村镇旅游形象的建构和游客对于乡村旅游景观的认知。

4. 产品服务

产品服务包含了乡村旅游的介绍及解说、旅游活动项目的丰富度和可参与度、乡村旅游从业人员的服务水平等。乡村旅游产品应由不同层次的多元化乡村旅游项目构成，同时形成一个比较完善的旅游服务体系，以适应不同消费水平的需求。从管理服务来看，乡村旅游行业协会和互助组织不健全，市场开发与营销人才缺乏，管理效率不高等，都对乡村旅游服务水平构成了直接影响。

（二）乡村旅游对村镇发展的意义

1. 积极意义

（1）经济效益

1）带动相关产业迅速发展。旅游业的发展离不开相关经济部门或行业的配合[illegible]需求市场，能够直接或间接拉动建筑业、交通[illegible]资和资金流入。同时，[illegible]开展露营、垂钓、山地自行车等活动，促进了林业、渔业等产业的综合发展以及对当地旅游资源的有效开发与利用，从而推动村镇社会经济的全面进步。

2）促进村镇产业结构调整。我国大部分乡村村镇的生产活动仍然以粮食生产为主，产业结构不合理，棉、油、糖、麻、烟、果、蔬等经济作物生产比重较低，农业综合生产能力弱。“靠天吃饭”的农业生产规模小、效率低、抵御风险能力差，严重阻碍了村镇经济发展。部分城市近郊村镇虽然以花木、蔬菜、水果作为产业发展的重点，但产品单一、综合经济效益较低仍是主要的发展问题。随着城市化进程中耕地等农业生产资源的不断减少，村镇人地关系紧张，农民增收又面临着新的困难。发展乡村旅游能够使乡村的产业结构与城市的消费需求联系更加紧密，实现乡村产业的市场化，提高农产品的综合价值，同时促进多元化的农副产品开发，增加土地使用效益，从而促进村镇产业结构调整，实现产业结构优化。

（2）社会效益

1）扩大乡村劳动力就业空间。旅游业是综合性的劳动密集型产业，要为游客提供在旅游活动中的食、宿、行、游、娱、购等多方面的供给。发展乡村旅游可以为村镇居民提供大量的工作岗位，增加乡村劳动力就业机会，吸收大批乡村剩余劳动力。农民既可以直接通过参与乡村旅游而获得劳动报酬，也可以通过资源参股、资金入股等方式来增加经济收入，在“离土不离乡”的情况下实现有效就业，缓解乡村劳动力进城对城市就业的压力。

2）改善生活质量。村镇建设混乱、基础设施薄弱、环境卫生恶劣、经济发展水平落后，加上在乡村土地征用、撤村建居的过程中失地农民的数量急剧增加，农转非的村镇居民面临着经济来源的困境，村镇居民的生活状态与现代化居住环境的舒适性要求相去甚远，生活质量不尽人意。改善人居环境、提高生活水平已成为村镇改造中面临的最为迫切的现实。为了吸引游客，发展乡村旅游必须不断完善基础设施建设、促进房屋修缮、加强环境治理，改善村镇风貌，从中获得的经济收益又可以继续用于村镇物质条件的改进，获得更大的社会、经济、文化效益，从而不断提高村镇居民的生活水平，改善生活质量。

3）提高居民素质。乡村旅游的发展影响着乡村精神文明建设，对村镇居民的业余文化生活具有积极的引导作用。发展乡村旅游有利于加强城乡信息传播和文化交流，促进乡村观念更新，缩小城乡差别。在旅游活动的影响下，新信息和新知识使得村镇居民原有的生活方式、行为方式、价值观念等都会趋于开放化和国际化，并产生一系列的连锁效应：乡村消费观念、教育观念等将发生相应改变，文化水平有所进步，法治意识得到增强，精神境界不断提升。同时，可以通过发展乡村旅游加强对村镇居民文化知识和劳动技能的培训，从而提高村镇居民的整体素质。

（3）文化、环境效益

1）继承和发扬乡土文化。由于体验和了解不同的文化景观是重要的旅游动机之一，为了最大限度地吸引游客，乡村旅游的开发必须重视对乡村传统文化和地方风俗的保护，例如节庆活动、民族手工艺、特色小吃、民间音乐等。发展乡村旅游能够使村镇居民认识到乡土环境和村镇历史文化的价值，促进乡土景观的保护和乡村资源的利用与开发，同时有利于保护历史名镇、名村，继承和发扬乡土文化。

2）促进村镇有机更新。村镇作为乡村旅游和居民生产生活的载体，为了与经济发展相适应，需要不断地进行改造与更新。在社会主义新乡村建设中，不少村镇简单地套用城市建设和工业发展的模式进行城乡“同质化”改造，盲目地填湖造地、拆旧建新等现象屡有发生。发展乡村旅游有利于乡村在城市化的进程中保持城乡差异，促进村镇有机更新，实现村镇生产、生活、生态三者协调统一。

2. 消极影响

乡村旅游开发是一个长期与持续的渐进过程，受目前市场经济的影响，许多乡村旅游存在开发急功近利的思想，重速度轻质量、重效益轻环境的情况比较突出。粗放型的乡村旅游经营模式不仅无法对山地村镇发展产生积极影响，相反还会带来不少问题。

（1）破坏村镇物质环境

乡村旅游开发缺乏统一的规划和管理，容易出现乱搭乱建、车辆到处乱停、垃圾随处可见等现象，村镇物质环境遭到破坏，人居环境品质和乡村景观质量大打折扣。在乡村旅游的开发过程中，山体被挖、树木被砍、湖塘被填等现象时有发生，影响和破坏了村镇原有的生态环境。不少村镇对乡村旅游开发缺乏引导，建筑风格、色彩与环境风貌极不协调。有的村镇盲目扩大基础设施建设，超出实际需求，造成不必要的浪费。同时，旅游资源不均衡，旅游信息不同步，有的地方游客扎堆，有的地方门庭冷落，这种各自为政的“农家乐”形式容易导致村镇整体发展的失衡，加上过度宣传与无序开发引起景观的不和谐，村镇环境的整体质量下降，其市场吸引力也随之减弱。

（2）干扰居民日常生活

外来游客增多，人口密度加大，超出了自然环境容量和旅游接待容量，既影响到村镇生态环境的稳定性，又带来了交通压力、污水排放、垃圾处理、社会治安等一系列问题，给村镇居民的日常生活带来了不便。游客的不文明行为带来了环境污染和视觉污染，旅游活动的嘈杂与喧嚣打破了乡村生活的祥和与宁静，直[illegible]

[illegible]长让小孩通过唱山歌、与游客合影等方式赚钱，对于上学迟到、旷课等问题却置之不理，对孩子的人生观和价值观的形成缺少应有的关注与重视，乡村居民的日常生活偏离了正常的轨迹。

第二节　城乡休闲空间布局改造

一、城乡休闲空间特征与城郊乡村旅游空间组织

（一）城乡休闲供需空间特征

长期以来，在我国休闲、旅游业发展中相对忽视乡村居民的休闲旅游活动。尽管这样的现象有其形成与发展的历史因素，但是长此以往不利于我国提高全民质量与和谐社会的建设，也违背国家包容性增长的发展目标。

改革开放以来，中国经济飞速发展，乡村居民经济收入稳定增长；随着经济社会的发展，乡村与外界联系越来越密切，乡村居民外出观光、旅游的愿望日渐强烈；义务教育的完善使乡村居民整体素质得到大幅度提高；乡村居民不受工作日的限制，相对比较自由。因此，当前国内乡村居民参与旅游的基础条件逐步形成，乡村居民旅游也将成为国内旅游消费的重要力量。

国家统计局上海调查总队对上海市200 户乡村居民家庭国内旅游抽样调查显示，2008 年度上海市乡村居民家庭外出旅游共507 人次，户均达2.5 人次，乡村居

民旅游消费正持续升温；上海市乡村居民偏爱轻松休闲、经济实惠的一日游，占总出游人次的83.6%；按出游目的来看，以观光游览为目的的游客占总出游人次的41%，度假休闲的占15.1%，探亲访友的占14.1%，保健疗养的占9.9%，商务出差的占4.2%，其他占15.7%；在有旅游时间、有经济实力、消费观念转变的前提下，中老年乡村居民休闲旅游的需求日趋旺盛。

然而，鉴于我国城乡经济发展水平、教育文化程度、公共服务设施以及思想观念等差异，我国乡村居民闲暇生活方式和类结构不优，休闲空间狭小，休闲环境较差。虽然乡村居民每天可自由支配的闲暇时间长达5 小时，但大多数人闲暇时间都用在了消遣娱乐、赌博、看电视、打牌、打麻将、闲聊等活动。实际上，从现代休闲的含义及其社会意义来看，乡村居民休闲对促进农民自我实现、自我发展，推动新乡村建设具有重要意义。因此，随着乡村生产力的发展，农民闲暇增多，有必要在引导乡村居民关注自己的生活质量的同时，引导乡村居民提高闲暇生活和休闲的质量。

国内有关乡村旅游的研究几无例外地将乡村旅游客源市场确定为城市居民。然而，随着乡村社会的发展和乡村居民休闲旅游愿望的提高，乡村旅游景区同样也是乡村居民休闲度假的主要场所。但是从对西安市上王村和金滤沱村村民的调查来看，只有约24% 的当地村民把本村开发的乡村旅游景区作为常去的日常休闲活动的场所，有70% 以上的村民认为乡村旅游景区不能满足日常休闲活动需要。

产生这种现象主要有以下原因：

①乡村居民的休闲观念还比较滞后，闲暇时间使用方式单一。当前需要培养乡村居民的文明休闲观念，提升休闲品位，引导乡村居民休闲方式多元化，拓展农民休闲范围。

②乡村休闲资源开发利用不足，还没有形成较为系统的休闲产品。在乡村居民的日常闲暇活动和外出旅游活动之间需要开发大量适当的休闲活动形式和产品。

③乡村旅游景区特色不突出、休闲产品单一，与乡村日常生活空间和活动方式高度同质化，难以产生强烈的旅游与休闲动机。实际上，无论是面对城市游客还是乡村游客，乡村旅游景区与产品的开发都应立足乡村性、源于乡村生活但又高于乡村生活。

（二）基于休闲空间的城郊乡村旅游产品空间结构

目前，国内学者对乡村旅游产品的空间组织、优化研究多强调对旅游线路、旅游项目和旅游地结构的优化，但这些还不完善。乡村旅游的功能是综合的，发展乡村旅游影响到乡村经济、社会、生态环境和乡村空间组织等多个方面，被地方政府、当地居民等赋予了维持和创造地方收入、推动就业增长、促进乡村第三产业发展、增加地方民间的亲和度服务、增强环境与文化资源的保护等多种任务。乡村旅游的发展能够使郊区由传统功能向现代功能转变，即由过去主要侧重于保障城市供应、为城市居民提供鲜活食品功能转变为既向城镇居民提供农产品，又兼顾生态、娱乐、教育、文化等多种综合功能。

从完善城乡休闲体系的角度出发，乡村旅游整体空间布局规划应是在对区域开发进行功能分区前提下，在城乡居民休闲产业体系发展需要和空间分异特征的基础上，根据各地域的资源优势与特色，在城乡旅游一体化与休闲产业系统空间协调的要求下，构建乡村旅游经济圈。因此，城郊乡村旅游景区与产品的空间组织应该在现有空间分异的基础上，按照城市化进程的影响程度对城乡居民休闲体系进行新的空间组织，在传统乡村旅游中分离出城郊都市型乡村旅游景区与产品，构建城郊都市型乡村旅游与乡村型乡村旅游两种类型体系，并进行相应的产品配置。

1. 城郊都市型乡村旅游

种。从国内乡村旅游的发展实践来看，城郊乡村旅游往往最为发达和典型，在经济发达的大都市郊区有较多成功案例，例如成都的农家乐、北京的民俗村。吴必虎等对中国乡村旅游地的空间特征的研究也表明，在客源地城市周边出现两个乡村旅游密集区域，第一个最密集区域往往出现在距城市中心20 千米左右的地区（第二个次密集区域出现在距城市70 千米左右的地区）。在第一个最密集区域的城郊乡村旅游的客源市场、产品结构来看，都具有纳入都市旅游体系中；因为受城市影响显著而强烈，区域内旅游景观特征和产品构成具有从大都市旅游产品向典型乡村地区的旅游产品过渡的特征。

（2）城郊都市型乡村旅游开发的意义

加拿大学者布尔特（Bulter）提出了旅游地生命周期模型，从区域乡村旅游的空间成长过程来看，乡村旅游也存在探查、参与、发展、巩固、停滞和衰退6 个阶段。在乡村旅游发展初始阶段——探查阶段，乡村旅游多以零星的“农家乐”形式出现，基础接待设施较少而且规模和档次较低，乡村旅游空间形态多以乡村中心地结构呈现。随着乡村旅游发展，除开发乡村自然、文化旅游资源外，一些依托乡村的人工观光园、游乐场开发出现，乡村旅游在空间上呈点状集聚特征，进入参与阶段。进入到乡村旅游的发展阶段，部分乡村旅游景区在知名度、宣传营销、服务设施等方面迅速提高，形成乡村旅游的区域增长中心和开发轴线。随后乡村旅游空间结构上向多极化发展，形成了旅游空间上的网络聚集现象。随着乡村旅游景区之间空间竞争与合作进一步得到加强，乡村旅游也相应从巩固阶段可能进入停滞和衰退阶段。

2. 乡村型乡村旅游

在文中，所谓的乡村型乡村旅游是与都市型乡村旅游相对应的一种类型。在远离大城市中心，主要分布次聚集带上的乡村旅游景区受城市化进程影响较弱，从乡村景观、民俗文化、生产活动等方面还保留了比较鲜明的“乡村性”特色，在景区开发与产品配置上应该与都市型乡村旅游存在差异性。

3. 休闲产业体系主导下的城郊乡村旅游产品空间组织

从城乡休闲产业体系和乡村旅游聚集带受城市化进程的影响程度将乡村旅游划分出乡村型乡村旅游和都市型乡村旅游，这主要是体现了景区的空间组织结构，而其产品空间组织也将出现相应的特征。

旅游产品是一种综合性的组合型产品，既要有物质的要素，又要有非物质的要素，这些要素还要进行有效合理的组织与搭配。徐德宽等认为旅游产品组合就是指旅游企业经营各种不同品种的产品之间的组合和量的比例。当前国内乡村旅游产品组合主要有两种类型：

（1）按活动内容的组合模式

主要是依托当地的田园风光、乡村独特的自然环境及自然资源而开展的供游客观赏的旅游产品，例如参观古建筑、工艺品、秀丽山水等；参与体验型产品，根据乡村浓厚的民风民俗而开展的参与体验型产品，诸如品尝农家菜肴、许多农家乐推出的赏花节、采摘节或是钓鱼、登山等。在田园环境优美的乡村地区，不仅推出游览、观光、体验型旅游产品，并在此基础上通过修建住宿、餐饮、娱乐等一体化设施，逐渐形成食、住、行、娱、游、购一起发展的乡村旅游产品的组合体系。

（2）城市与乡村空间结合所构成的新乡村产品

从都市型乡村旅游和乡村型乡村旅游两种类型来看，可以根据各景区的资源特色、区位特色、休闲功能进行重构，形成都市型乡村旅游产品系列和乡村型乡村旅游系列；都市型乡村旅游产品系列包括乡村公园、乡村俱乐部、专题体验产品；乡村型乡村旅游产品系列包括乡村俱乐部、专题体验产品、乡野观光休闲产品。

乡村公园主要是指随着网络技术、现代交通及人们生活及工作方式的改变，随着城市的扩展和城市形态的改变，将农业用地与城市的绿地系统相结合成为城市景观的绿色基质的背景下，根据当地乡村的农业生产特色、自然和人文景观特色，将残留或融入城市中的乡村纳入日常休闲游憩场所体系中，形成城市中具有鲜明乡村特色的“乡村”公园，在空间形态上也可以理解为乡村融入或延伸入城市的一种空间。

乡村俱乐部在这里不同于国外学者对城市化研究中所指的“乡村俱乐部”的概念。国外学者城市化研究中的“乡村俱乐部”是指位于乡村地区、具有一定休闲功能的居住社区。这里的“乡村俱乐部”是指乡村旅游景区资源特色强、聚集程度高和产品类型丰富的区域，开发出的具有多种休闲功能、娱乐参与性强和农业产品商业活动突出的乡村旅游景区，因此“乡村俱乐部”往往分布在城郊旅游小镇上。

专题体验产品是指满足城乡具有特定需要而开发的生活体验系列、民俗风情系列、特色农业系列等产品。该类产品在空间上可以分布在乡村公园和乡村俱乐部中，但更广泛地以“串珠放射”+“圈层环状”的形式散布于区域空间中。

乡野观光休闲产品包括了现有的游览观光系列、休闲度假系列等乡村自然景观为主的产品。

二、城郊乡村旅游景区空间配置优化

[illegible]乡村旅游用地存在空间竞争，随处可见“城[illegible]

[illegible]必要探讨城乡景观和谐机理与路径，重构乡村旅游在城市区域中[illegible]化乡村旅游景区空间配置，促进城郊乡村旅游的持续发展。

（一）城市化进程中城郊的功能及其演变

从国外实践来看，随着城市化和城市空间扩展进程的推进，对城市生活质量要求的不断提高，城郊的功能是在不断变化的。如法国巴黎地区的天然公园是“1995年区域绿带计划”乡村绿带的重要组成部分，将自然和文化传统保护同经济和社会发展及“绿色旅游”联系在一起，把城郊纳入完整的城市空间生态系统中。大伦敦地区在城郊的绿带和新城的规划对控制中心区蔓延，创造良好的城市环境起到了积极作用。德国科隆通过在城郊建设生态走廊，把城郊各种生态用地和生态系统，把自然空间引入城市，实现生态城市的发展，促使城市空间利用、农业、林业、游乐等方面的发展达到一个新的平衡。

国内学者对城市郊区功能的研究已有丰富的成果，从这些研究中我们可以看到在中国城市化发展进程中，对城市郊区功能的认识在不断地变化。

在20世纪90年代初期，城市郊区被认为是以第二产业为主要职能的边缘区、以商品性农业为主要职能的边缘区、“科学园地型”边缘区、对外经济型边缘区、对外交通型边缘区和风景旅游型边缘区；发挥着城市蔬菜副食品的重要生产基地、城市大工业扩散的重点地区、大宗商品、物资流通集散中心等经济功能。在20世纪90年代后期，城市郊区被认为是城市化和城市扩展的主要地区、现代农业发展区，承担中心区的人口和产业疏解、新产业布局和居住新区建设以及生态建设的功能。总体上，传统的近郊蔬菜副食品生产、远郊粮食生产的产业布局模式和功能区划已经不能满足城乡经济发展的需要。而近郊以园林、森林和农业观光为基础的综合开发，远郊以观光农业、郊野公园、乡村保护区为主的布局模式和功能区划逐渐发展起来。

进入21世纪以后，随着我国城市化快速推进与科学发展观的实施，对城市郊区的功能在原有基础上不断丰富，城郊功能被概括为生产、服务、缓冲、生态和旅游等五大功能。从城郊土地利用与承担的功能来看，城郊不仅是城市功能的疏散地、城市的物资流通中心与仓储区、中心城市的大型基础设施和交通中心、科技文教区及一些新兴的各种产业园区、中心城市蔬菜副食品供应的重要生产基地外，还具有作为城乡居民的休闲娱乐场所、中心城区生态屏障和绿色空间的功能，是中心城区人口和住宅外迁的主要承接地、现代商贸和城乡居民休闲旅游建设地、城乡协调发展和城乡一体化的关键地区。城郊功能的变迁体现在城市空间扩展中，表现为产业园区发展亚模式、房地产发展亚模式、大学城发展亚模式、旅游发展亚模式和其他一些大型设施、大型活动开发亚模式等。

（二）城郊乡村旅游地的地域功能重构

在已有关于乡村旅游的研究中，对城郊乡村旅游地的功能多从旅游开发的角度进行研究。认为乡村旅游作为第一产业与第三产业有机结合的新业态，具有促进农业发展和产业结构调整、提高农民收入、促进农副产品的就地销售、增值等经济功能；有利于乡村劳动力的就地转化，促进城乡居民交流、拓展农民的人际关系，提高农民的素质，促进乡村本土文化的开发与保护等社会功能；具有促进乡村生态建设和环境美化的生态功能；具有提高当地形象和知名度，促进新乡村建设和区域发展的功能。

从城乡一体化和城市化发展来看，城郊乡村旅游地应随着城郊功能的演变也进行相应的调整和完善，不能再单纯地从旅游发展的视角理解城郊乡村旅游地域功能。

（三）城郊乡村旅游空间优化路径与策略

乡村旅游从休闲场所、产品文化特征等方面构成一种消费亚文化类型，其核心产品是具有突出乡村性文化内涵的产品。在地域文化传承下，实现“乡村性”文化要素转变成具有持久“凝视”吸引力和消费动力，是城郊乡村旅游产品与景区空间组织与优化的重要途径。乡村旅游必须在乡村地区基于“乡村性”开展，乡村旅游促进乡村景观和社区演变，也导致城镇化与保持乡村特性之间存在“诺德”乡村旅游悖论。乡村社区是乡村生活最重要的特征和乡村性展示，乡村旅游的目的地为乡村社区。乡村旅游社区的发展与治理是城郊乡村旅游产品与景区的空间组织与优化的必要策略。

1. 乡村旅游的乡村性及其文化本质

（1）消费转型与乡村旅游的消费文化意义

从20世纪70年代，西方社会出现了从福特主义向后福特主义的过渡，反映了从传统的以“生产”为中心的社会向以“消费”（包括服务消费）为中心的社会的转变。人们的消费也发生了从商品消费向服务消费的转变。这些服务消费既包括教育、健康、信息服务，也包括娱乐、休闲、文化服务。消费文化就是人们在长期的社会经济生活中所形成的对消费的一种相对稳定的共同信念，即消费文化是约束居民消费行为或消费偏好的一种文化规范。它起源并盛行于西方发达国家，是一种文化态度、价值观念和生活方式，它所提倡的消费目的不仅是为了满足实际的需要，而且是为了不断追求那些被制造出来、刺激起来的欲望满足。

城市具有娱乐机器的功能，娱乐生活是体现时尚生活与亚文化生活的重要标志，相应的娱乐场所则构成现代城市生活空间质量的标志。所谓亚文化，是指与主文化相对应的那些非主流的、局部的文化现象，指在主文化或综合文化的背[illegible]值观念和生活方式。亚文化属于整体文化的一个分支，它是由[illegible]面，如因阶级、阶层、民族、宗教以及居住环境的不同[illegible]化之下，形成具有自身特征的群体或地区文化。因此，对于消费文化我们可以根据与人们消费直接相联系的实物、技能和知识、组织和规范、价值观念及其对应场所构成，划分出不同的亚文化类型。

从城乡休闲体系来说，乡村旅游从休闲场所、产品文化特征等方面都构成了一种消费亚文化类型。乡村旅游之所以对城市居民具有极强的吸引力，在于乡村地区独特的、有别于城市文化的乡村物质与文化景观。乡村优美的田园风光、就地取材古朴的农家手工作品、“日出而作、日落而息”宁静舒缓的生活节奏及邻里间纯朴的乡情，与城市喧嚣、拥挤、污染的环境、快节奏高压力的生活及商品经济下的唯利是图，形成了强大的反差，吸引着城市渴望回归自然、寻求放松、探求知识、追求纯真等不同层次、不同年龄段的人群。他们通过体验乡村风情、亲自参加农事活动，最终获得的结果与文化消费完全相同，都是精神上的享受。所以无论从需求还是消费的角度看，乡村旅游都属于文化层面的需求和消费。因此，乡村旅游在本质上是以乡村社会、自然景观、文化生活为基础，开发而形成的一个满足城乡居民休闲度假需求的消费亚文化类型与空间场所。

（2）乡村性与乡村旅游的文化内涵

作为一种消费亚文化类型，乡村旅游绝不是一般而言发生在乡村或乡村地域空间上的旅游行为和消费文化活动。因为在城市化浪潮冲击下，乡村已纳入了诸多的城市特征，存在着大量的城乡混合体，导致传统乡村的经济社会构成、聚落与文化景观形态等多方面出现转型，简单地将乡村旅游认为是发生在景观上与城市对立的地域单元上的旅游活动是不严谨的。从消费亚文化类型来看，“乡村”应让位于“乡村性”，“乡村性”的概念对我们理解乡村和界定乡村旅游具有重要意义。

“乡村性”就是指有别于城市的、专属于乡村的本质属性。从消费亚文化类型来看，可以从“乡村性”空间和“乡村性”景观意象来认知乡村性。“乡村性”空间是城市之外，与乡村社区有密切联系的地域空间单元。“乡村性”空间由乡村的聚落形态、建筑景观、自然景观与社会文化环境等构成，其空间组成包括城郊空间、乡村生产空间和生活社区、乡村聚落及其向自然空间延伸部分。“乡村性”景观意象又可分成乡村景观意象和乡村文化意象两个组成部分。在对“乡村性”空间中实物景观的认知过程中形成的一种直接性和表层性的认识印象就是乡村景观意象。在对“乡村性”空间中文化与文化“氛围”的感知过程中形成的一种间接性和深层性的感知印象就是乡村文化意象。而从这一角度出发，可以认为乡村旅游具有相对确定的空间范围和独特的资源基础，乡村旅游是在“乡村性”空间对“乡村性”旅游资源进行开发而形成的一种旅游活动和旅游方式。

因此，从表象上看，乡村旅游是以乡村自然风光、人文遗迹、民风民俗、农业生产、农民生活及乡村环境为旅游吸引物，以城市居民为目标市场，满足旅游者的休闲、度假、体验、观光、娱乐等需求的旅游活动。但其核心则是旅游者对乡村有形文化和无形文化共同构筑的乡村性的体验和消费，所以“乡村性”的本质是乡村所创造的乡村文化。

从消费文化的视角可以把乡村旅游景观看作乡村文化的载体，乡村旅游所提供的产品应是突出文化特性的精神价值和服务，是具有民族性、历史性和地域性的乡村文化产品。正是对乡村性的本质是乡村所创造的乡村文化认识的不足，导致目前乡村旅游开发大多停留在观光层面、旅游产品缺乏文化内涵、地域文化特色不突出和人工化和城市化倾向严重等问题。

2. 城郊乡村旅游空间组织与优化路径——基于地域文化传承的空间重构

（1）地域文化传承

传承性是文化的一个本质特征和内在属性，是文化在一个社会或民族的社会成员中交接和代际间的传递过程，是地域文化在发展与演进过程得以延续、再生，保持文化整体性和主体性的一种自我保护过程。

（2）“乡村性”文化的遗产保护与乡村旅游中的地域文化传承

明确旅游业所带来的文化的发展与变迁是一个文化再建构过程，乡村文化传承与保护是在传承和变化过程中保持其“根”的延续性这个问题，为我们开辟了乡村旅游中地域文化传承的新思路——把“乡村性”文化作为城市化进程中的文化遗产来进行保护和开发。

1）文化遗产的概念及发展。“遗产”一词大约产生于20世纪70年代的欧洲，是特指从祖先那里继承或遗留下来的东西，是指物质的、可供怀念的纪念物、人类遗址、历史遗迹等。20世纪80年代以后，人们对遗产的认识由有形物质遗存扩大到无形文化遗存领域，将一些重大历史事件的纪念活动也纳入遗产范围。因此，“遗产”是一个动态的发展过程概念，经历了从“特殊”遗产系统走向“一般”遗产系统、从历史的遗产时代走向了作为纪念的遗产时代的变化。当前，“文化遗产”的概念的扩大与深化呈现出发散的趋势，从艺术领域渗透到非艺术领域、从地上延伸到地下、从陆地延伸到海洋、从博物馆发展到文化事业机构、从传统面向现代、从具体演变到抽象、从狭义过渡到宽泛、从有形走向无形、从传统内涵走向文化、精神方面。

2）城乡一体化中乡村景观的演变与“乡村性”文化的遗产保护。随着我国城市化的快速推进，乡村大量剩余劳动力进入第二、第三产业，不仅推动乡村经济蓬勃发展，也带来乡村社会、聚落景观、经济景观、生活景观的变化。随着乡村城市化的快速发展，越来越多的乡村居民向城镇迁移，并主要集中在中心城镇，独立住户和自然村大幅度减少。改变了传统乡村聚落分散的、同构同质的局面，在分化与重组中逐步向多功能的、集中的、异质异构的格局发展。乡村经济景观的“非农化”程度逐渐加强，特别是在大城市郊区，乡村整体逐渐从“乡村性”向“城市性”迈进；乡村生活方式正在发生显著改变，生活节奏加快、交往圈扩大、家庭娱乐休闲活动增加等。乡村城市化的进程中变化最为快速和显著的是经济景观的城市化。随着乡村经济、社会和文化的发展，乡村景观的空间结构发生巨大改变，以往在乡村景观中占据主导因素的农用地优势逐渐减弱，从而整个乡村景观的多样性增加。

总体来看，城市化进程对乡村景观演变造成的影响是多方面的，整体上可以概括为各种乡村要素“非农化”不断增强而“乡村性”不断弱化的特点。从文明的进步和文化的演进来看，这个过程是不可逆转的。

在当前，城郊乡村旅游产品的空间结构组织应该由“市场分析与线路耦合结构”理念和思路入手，旅游景区定位应由“线”带“点”、由“点”靠“线”体系（自然景观和文化景观的内涵意义的线路体系）构建原则、极化（将自然景观的原生性与文化景观的具象性相复合）原则、组合现代舒适（以人为本，强调旅游业态现代游程舒适性）原则，对乡村旅游产品进行空间重构和再组织。

操作模式可以分为：①以线串点，将乡村旅游景区由区域旅游的精品游线串起来，形成串游线景点的休闲—度假功能优化（串线—游线结构）；②把区域主游线周围的乡村旅游景区由游路“靠”在主线上，形成旁线自然—休闲性文化园策划（靠线—游路结构）；③将离区域主游线较远的乡村旅游资源区由游段挂在主游线上，形成游段靠游线组合（挂线—游段结构）。

在此基础上，对点、线、网络、域面和流等5个基本要素进行区域空间组织。乡村旅游的主要游客市场是城市居民，其游线组织表现为由城市到乡村的空间形态，其旅游“流”也表现为由城市到乡村的流动特征。因此，乡村旅游景区在空间上按现代休闲舒适原则，以乡村公园、乡村俱乐部、主题农园和产业园、[illegible]础，结合区域旅游精品游线，采用“串”“靠”“挂”线的方式把“开发性的文化要素”与“背景性的文化要素”组织起来，形成区域乡村旅游景点、网络与域面结构。

三、蒋家村项目概述

文中以富阳大源镇蒋家村民宿规划为例进行空间布局改造，对其加以说明。

位于富阳市大源镇的蒋家村，历史悠久，旅游资源丰富，距离杭新景高速下口约4 千米，在杭州1 小时经济圈内，且在杭州、上海、宁波等城市4 小时经济圈内。蒋家村背靠亭山，位于富春江南岸，大源镇中部，南到东前村、西部连接亭山山脉、北临亭山村、东面为山。周边环境优美，水资源丰富，为本规划提供了良好的环境基础。

2013 年富阳市政府提出：富阳发展民宿经济正当其时、大有希望，力争通过3~5 年的努力，打造特色鲜明的富春山民宿经济。使其成为“三农”转型发展的新亮点、农民增收的新途径、“美丽富阳”的新内涵。民宿开发将利用蒋家村自用住宅空闲房间，结合当地人文、自然景观、生态、环境资源及农林生产活动，以家庭副业方式经营，为旅客提供乡野生活之住宿处所。

（一）文化资源挖掘

1. 传统风物、节庆及地方物产

蒋家村历史久远，传统风物、习俗丰富。“敬灶神”“重祭祀”“香火堂”“孝道文化”“草根文化”等都是蒋家村富有特色的风俗。村民对民风民俗极为重视，如二月半和十月半为全村的节庆日，农历新年村庄有舞龙灯、扮竹马、跳狮子等娱乐节庆活动。

2. 历史文化价值与特色

蒋家村文物古建不少，村内完整保留了众多传统明清建筑，另有多处历史古迹。村庄具有典型的“杭派”民居和院落风格，体现了传统的文化内涵。蒋家村崇文重教，从第一世祖晖公（进士）起，凡有功名的均载入《赵岭蒋氏宗谱》，历代人才辈出。

（二）规划设计与布局

1. 目标定位

充分挖掘蒋家村的独特资源和文化底蕴，以“麦家的乡愁——乡学民宿村”

为口号，因势利导，保持原汁原味的乡村景观、民居风貌，保护利用。依托村庄原有的乡土风貌，历史文化遗产形成的人文环境，以特色古民居为依托，发展以老宅民宿为主，引导发展民宿旅游产业，建设富阳民宿样板村。近期将原有乡土建筑改建成多个具有鲜明特色的古民居民宿，远期根据示范区效应，进一步扩大特色民宿的规模，建设三个区域相对集中的特色民宿产业带，形成蒋家村支柱产业。

2. 规划布局

以“现代演绎、精华提升、原貌体现”三种设计手法来诠释规划的设计理念。以“礼·乡学”为核心，大溪为发展轴，做好大源溪“水”文章的结合，同时，充分利用蒋家村现有的古民居群、原有农庄和家庭农场等，形成“老宅梦”—“清净谷”—“农园舍”古民居民宿为特色的空间格局主线。并将村口公园—手工作坊园—慢生活街区—蒋家祠堂—文化礼堂—农业园等串联起来。以田园风光为特征的农园民宿和与地势相结合的山地民宿屋构成民宿产业集群，改善人居环境的同时注重结合三产，通过乡村旅游、民宿为主的第三产业发展促进创收致富，使每个民宿区域特色更加鲜明。

（三）传统空间的传承与再造

1. 建筑现状及评价

蒋家村民宿文物古迹多达23处，名胜古迹有12处。规划范围内建筑主要以20世纪80年代后期建的底层居住建筑为主，建筑多为2~3层，蒋家村传统建筑老化、潮湿，界面混乱，那个年代后兴建的部分新建住宅在风貌上与古村不甚协调，也有部分建筑未按保护要求维修。

2. 街巷空间优化策略

对于传统文化的继承主要体现在原有道路街巷的修缮与恢复，空间结构的提升等方面。对祠堂周边街巷进行美化与提升，将民宿屋、田间茶亭、文物古迹等用原有道路串联起来，形成核心开发范围及保护区域，形成原汁原味的乡野风情。

3. 建筑空间优化策略

将村内原有历史文化、怀旧特色的房子、农家乐、家庭农庄、农场及其养殖场改造为民宿，通过古民居保护与利用、民宿本身的地理位置、客房以及庭院、餐厅等公共空间的设计让游客体验当地淳朴风情的情境。

（四）小品设施与村落风貌特色的营造

民宿中的景观小品包括花架、景墙、漏窗、花坛绿地的边缘装饰、栏杆，亭、廊、餐饮设施、坐凳等景观小品就地取材以木材、石材为主，给人以亲切感，让旅客宾至如归，享受淳朴的乡土风情，又让村民毫无距离感。

策划家庭农场、养殖场、森林氧吧、垂钓池塘等专项，以及农具、家禽家畜等体验方式，修建展室，组织庆典表演，组织农庄文化游览等。

我国传统文化根植在乡村，根植在蕴含和承载文化遗产的传统村落之中，对于传统村落的保护与发展问题，当前的核心任务是确保村民生产生活条件不断改善的前提下，探索实现传统村落风貌特色传承与发展的有效路径和方法。富阳市大源镇蒋家村民宿规划也仅仅是其中的一种探索和尝试而已，成功与否，还需时间检验。

第三节　公共设施改造与村民参与

村镇居民本身就是乡村旅游开发的直接参与者和受益者，基于乡村旅游的村镇改造理应广泛征求居民意见，鼓励居民参与管理、出谋划策、出钱出力，体现村镇改造以人为本，并以此获得最大的改造效益，取得更好的实施效果。

一、社区参与的重要性

1）加强村镇改造中的社区参与，有利于认清村镇发展的实际状况及村镇居民的实际需求，保证改造措施贴近于民、服务于民，增强改造方案的经济性和可操作性。

2）通过居民参与的方式，可以对村镇发展乡村旅游的相关政策、措施进行宣传、推广，更多地获得居民的认同与支持，为村镇改造和乡村旅游开发工作奠定有利的群众基础。

3）通过社区参与可以集中有限的人力、物力和财力投入村镇改造。例如修建广场、游客中心、规模较大的乡村旅馆等旅游设施就可通过集体经济的形式出资，而在乡村民居的改造中又可通过社区培训使农民掌握相关改造方法，并以独立或互助的方式直接参与到房屋的改造与建设中来。

4）村镇居民对房屋以及居住环境的自我建造或共同建造，对地方社会空间的建构具有重要作用。亲朋好友、干部群众协工协力，有利于化解矛盾冲突，维护社会稳定。

二、社区参与的方式和过程

（一）社区参与的方式

基于乡村旅游的村镇改造中的社区参与方式与村镇乡村旅游开发的社区参与息息相关。对于旅游基础设施缺乏、乡村旅游形象尚未建立的许多村镇来说，外来资金介入比例较小，旅游业主要由本地居民操纵，村镇居民对乡村旅游的介入表现在简单的旅游经营和开发上，在村镇改造中可采用“农户+农户”“农户+居委会（村委会）”的形式展开；在乡村旅游发展相对成熟的村镇，外来资金注入，社区参与表现在旅游经营、旅游决策及旅游宣传等方面，可采用“农户+政府+旅游机构+专家”“投资者（公司）+政府+旅游机构+ 专家”等形式展开。

（二）社区参与的过程与内容

乡村社区居民参与旅游发展和村镇改造的内容包含了咨询、决策、监督、教育、利益分配等多个方面，不仅仅在于不同利益主体的合作方式，还要介入旅游发展和村镇改造的实质性过程，并在参与的过程中获得相关的利益。

1. 介入旅游开发及村镇改造的规划与决策过程

在乡村旅游开发及村镇改造的过程中，公众介入规划和决策的内容主要包括三个方面：介入旅游发展及村镇改造的整体规划，介入村镇旅游项目及旅游产品的开发与创新，以及介入旅游市场拓展与旅游产品宣传。

满足这些内容的关键是要完善社区参与的咨询、监督和决策机制，确保社区居民拥有发言权和表决权，调查社区居民对发展旅游及村镇改造的意愿和看法，在政策制定上要充分听取民情民意，在允许的范围内授权居民自行决定旅游开发和房屋改造的目标。同时，组建相关的管理部门，成立行业协会及旅游组织，以保证社区居民和其他利益主体之间的有效沟通与协调，并加强村镇的整体包装和旅游促销。

目前，除了农民自发性的更新自住房，以及集体小规模的统一集资改建，在专家介入的村镇改造过程中，居民往往无法在真正意义上参与对村镇及自家住房的规划与设计，甚至无法见到规划公示。近年来，公众参与的实践在我国逐渐得到重视，例如在深圳龙岗区各村规划中，开展走群众路线、公众参与规划、送规划下乡等一系列的实践，并借鉴台湾“社区规划师制度”，结合龙岗的实际情况建立了“顾问规划师制度”，进一步落实了群众参与规划。由于山地村镇的旅游开发改造对于乡村旅游产品及民居建设具有更加多元化的要求，因此公众参与式设计尤为重要，既能使设计更加持久地适应居民的使用及个性需求，调动村镇居民的积极性，又有利于群策群力，充分利用和开发乡村旅游资源，实现村镇的有机更新。

2. 参与村镇改造中的建造过程

目前不少乡村民居都是农民自建，可以就地取材，互帮互助，有效降低房屋造价。同时，对于村民自建进行适当的引导，还可以增强建筑的乡土性，而在整体协调的情况下允许自由发挥，又有利于保持各家各户的不同特色，使整个社区环境充满生机和趣味。

以广西融水县民房改建为例，该项目是我国较早的大规模进行村落改造的实践，涉及政府、企业、专家和村民四大方面，这种“群众参与”的民房改建模式具有一定的代表性和典型性。融水县路家寨、整垛寨的大部分民房改建能够顺利完成，其关键就是调动了村民的积极性，达到多方面的良性合作。

出于推广水泥建材同时含有为村民谋福利的考虑，融水县水泥公司在政府部门的支持下成立的民房改建工程公司，对传统民居进行改建。该公司从宣传和发动群众，到旧屋料估算与购销、新房预算与结算、选择建房型号、确定改建面积、提供设计图纸、签订改建合同，直至备料施工等，实行“一条龙”服务。

最早几个村寨的改造主要由民房改建公司主导，在各个村寨中基本上不加变更地使用几种相同户型进行改建，适应性较弱。例如在路家寨的改造中，民房改建公司提供120 平方米和150 平方米两种户型，但由于面积较大，村民经济负担过重，导致全村在最后结账时无力全额支付改建费用。同时，这些住宅与周围环境的适应性也有待提高。

第六章

乡村旅游村镇公共设施改造及政策影响

第一节　乡村旅游村镇公共设施改造及开发

建筑对于村镇来说意味着功能分区、空间界面、景观形象等，是乡村旅游活动的重要物质载体和景观元素，甚至也是独特的乡村旅游资源。对于村镇改造而言，建筑设施的更新无疑是重要的改造内容之一。

一、村镇公共建筑设施的更新改造

目前大多数山地村镇要发展乡村旅游，都必须加强基础设施建设，加强村镇文化、科技、医疗卫生、体育等公共设施的普及，并加建相应的旅游公共服务设施，以满足乡村旅游发展的需求。

（一）村镇公共设施

在村镇公共设施中，交通设施和卫生设施是发展乡村旅游最为基本的保障之一。首先，应根据实际情况开通公交汽车，在公共交通由于运营成本高而无法进入郊区市场的情况下，应考虑开通节假日旅游专线，或是将“黑车”规范化，并整合到旅游客运系统中。在这种背景下，建设公共车站是确保村镇交通安全、便捷的重要物质保障。在公共车站的具体设计上，应结合绿化、景观小品、标志等元素综合考虑，并以具有乡土气息和地域特色的形态，构成道路沿线具有连续性的景观节点。其次，对于卫生厕所而言，除了数量满足使用要求、位置合理、造型与乡村环境相协调之外，还应具有生态适应性。有条件的地方可考虑将厕所、沼气池、苗木花卉温室、蔬菜温棚等结合设置，节约能源，改善生态环境。

（二）旅游公共服务设施

旅游公共服务设施包括游客集散广场、游客接待中心等服务设施、管理设施、旅游停车场及观光中转站等交通设施，以及相应的电力、污水处理等基础设施。从建筑设计的角度看，主要是指以游客接待中心为主导的旅游信息咨询中心、土特产销售中心、旅游厕所、治安亭、观景台等，同时也包括能够吸引游客消费，延长游客逗留时间的相关建筑，如商店、会议中心等。村镇公共旅游服务设施的建设关系到乡村旅游的开发水平和村镇建设的整体形象，应在村镇改造中给以足够的重视。

首先，从建筑功能出发，基于乡村旅游的村镇改造必须将旅游公共服务设施与村镇的公共设施建设相结合，逐步完善医疗救护、治安报警、信息化等旅游服务体系（图6-1）。例如在村镇改造中可考虑将公共服务设施，特别是社区文化设施与旅游服务设施相结合，加强村镇文化建设，也可将现有的文化站等建筑进行功能拓展，使其兼具信息咨询等旅游服务功能。

图6-1　静观镇素心村公共服务中心

一般来讲，游客接待中心的平面组成及功能空间可分为以下几个部分。

旅游服务空间：包括信息咨询、导游中介、现场投诉、等候休息、物品寄存等；宣传陈列空间：包括展览陈列、演艺视听等；餐饮购物空间：包括特色餐厅、旅游购物等；行政管理空间：包括管理培训、治安交管等。

在具体设计中，应根据村镇旅游开发规模及市场需求进行功能配置。部分游客接待中心功能相对复杂，集餐饮、住宿、商业街等为一体，在设计中应注重建筑功能的复合性和建筑空间的灵活性，例如可采用大空间和可变隔墙，以适应多样化的功能需求，提高建筑的利用效率，减小旅游季节性带来的影响。同时，在乡村旅游开发中应依托游客中心等建筑设施设立统一的旅游管理机构，提高旅游接待水平和旅游景点质量，确保乡村旅游有序开展，并引导游客文明消费，促进旅游发展与乡村生产生活相互协调（图6-2）。

图6-2　三圣花乡游客中心

其次，建筑选址要从村镇的整体层面出发，力求村镇旅游服务设施建构的体系化和网络化。具体而言，旅游服务设施可分为旅游接待中心和旅游接待点两级。旅游接待中心主要发挥集中经营管理的作用，多位于村镇旅游观光的出入口处。旅游接待点则分散在沿旅游路线的各个区域，即根据需要、结合环境特点而设置的停驻点、小卖部等设施。在村镇改造中，应注意协调各旅游服务设施的功能配置，避免重复建设造成资源浪费。例如在乡村风味餐馆附近的游客中心就不宜再以餐厅作为建设重点，而应把注意力集中到旅游咨询、票务、旅游产品销售等方面。

最后，注重对旧建筑的改造，节约成本并突出乡村地域特色。通过建筑功能置换、结构调整、立面改造、环境整治等方式对地理位置优越、建筑形式独特或景观敏感度较高的闲置或废弃房进行改造，加以利用，满足旅游接待需求，并美化村镇景观风貌。

在进行旧建筑改造时，不能把眼光局限在孤立的单栋旧建筑上，而应把相邻的建筑环境和乡村背景作为重要因素加以考虑。村镇建筑的改造对象往往体量较多且较为分散，在旧建筑相对集中的地方进行改造时，应将地块内有条件被改造的几栋旧建筑综合考虑，并结合室外环境统一规划设计。例如可通过组织院落空间、加建室外走廊等方式使多个建筑体量得以整合并建立联系 （见图6-3）。

图6-3　某村庄旧豆腐坊改造示意图

二、乡村旅游营地的设置

除了农家乐的形式，乡村旅游营地也是最能体现乡村旅游方式，饱览乡村山水田园景色的旅游设施。乡村旅游营地在国外发展较为成熟，在国内尚处于起步阶段，在建设和经营上存在一些问题。例如南宁的乡村大世界农业休闲汽车旅游营、北海田野观光休闲汽车旅游营地等等，虽然硬件设施较为完善，但是周围景观缺乏特色，导致游客更愿意选择乡村旅馆过夜，露营者寥寥。因此，村镇改造中不应盲目建设乡村旅游营地，而要根据景观环境、游客市场等实际情况谨慎判断，结合旅游咨询、服务、休息、购物、加油等功能综合考虑。同时加大宣传力度，促进乡村旅游营地在与旅游出行目的及安排、旅游活动主题策划、民俗风情展示等方面有机结合。

三、山地村镇民居改造中的标准化与非标准化

村镇改造是一个自上而下的城乡规划和自下而上的农民自发建设相结合的过程。为了在山地村镇的旅游开发改造中合理利用传统乡村民居营造中的经验，将建筑功能、建造方式、经济性以及美观性相结合，体现乡村风貌和地域特色，采用标准化的改造“模板”具有一定的必要性和可取性。特别是在乡村旅游开发的过程中，制定建筑标准图集：一方面对于规范和指导农民自建房屋具有重要的现实意义；另一方面能够为乡村新社区和“商品化”的村镇住宅建设提供有益的参考。

目前重庆市近郊村镇的大部分农民建房都是自己找施工队或工匠修建，有的甚至没有建设图纸而仅凭经验施工。不管是自用住宅还是农家乐，农民的自建房屋往往缺乏相应的建筑设计指导，功能结构不合理，建筑质量较差，占地无序，直接影响了村镇风貌和乡村旅游的发展。由于同一地区的乡村民居本身具有其基本模式，往往运用了相同的建筑材料、相同的建造方法，在群体组合上也呈现出一种强烈的同质性和规律性，因此，可通过编制“标准化”的建筑图集，完善乡村旅游开发中的建筑设计、结构形式、材料运用、施工管理等体系，解决农民生产生活的实际问题，同时将传统民居营造中的重复性要素实行统一标准，并加以推广，从而获得山地村镇改造的最佳秩序与效益。例如中国建筑标准设计研究院与昆明理工大学合作编制的《传统特色小城镇住宅（丽江地区）标准图》（图集号03J922-1），与清华大学合作编制的《地方传统建筑（徽州地区）标准图》（图集号03J922-1）等，都在乡村旅游开发和村镇改造中起到了积极的作用。

与此同时，在广大的乡村地区，由于存在明显的经济发展水平、文化背景、

社会自然条件等差异，加上山地乡村环境的复杂性，生产生活需求的丰富性，以及人们对建筑功能及造型的多样化和个性化要求，建筑有标准而无变化必然导致村镇风貌单调乏味，也无法满足变化的现实需求，因此不能以单一的规章性“标准”来约束丰富多样的乡村民居建设。也就是说，“标准化”应来源于“非标准化”中相对稳定和同质的因素，并应在“标准”的制定和推广中体现出因地制宜的“非标准化”，二者辩证统一，从而能够以可行的建设依据和准则，在山地村镇改造中将“传统”与“现代”相融合，满足多方需求，控制和引导山地村镇农民自建房建设，促进传统民居建筑风格和乡土气息的传承。

（1）总的来讲，标准图集编制的工作内容主要包括三个方面。一是调研、收集资料，包括对传统民居进行测绘，进行实地调查，收集工程实例等；二是分析整理，提取民居要素，建立单体设计和院落组合的“模式语言”；三是绘制图集，并将具有典型参考意义但构造与纹样复杂的构件、空间复杂的建筑部位，采用索引至彩色图片的形式集中编排至图集最后，使其更为直观，便于农民理解和接受。

（2）制定山地乡村建筑标准图集应注重以下几点。

1）建筑平面。

其一，应根据不用的使用对象及生活方式按照相应标准分类设计，例如可分为居住型自建自用住宅、经营型自建自用住宅等类型，在此基础上再根据使用人数、宅基地面积、经济条件等因素提供不同户型，同时应考虑“前店后宅”“下店上宅”等不同建筑类型的处理。

其二，平面布局应简洁、合理、节约用地，并与乡村生产生活相适应，注重对储藏空间及禽舍、庭院等生产性辅助功能空间的合理安排。

其三，从建筑功能上来讲，标准图集应注重民居建筑对旅游功能的吸纳，并注重旅游功能与居住功能的平衡。

其四，考虑建筑拓展和拼接的可能，增强其适应性和灵活性。

2）经济技术适应性。对于农民自建或自行改造的房屋来说，建筑的经济性十分重要。不仅要节省建造投资，而且应全面计算整个建筑寿命周期的各项花费，重视建筑能耗及后期维护费用。总的来讲，乡土和具有生态优势的低技术应是设计风格和技术措施的重要方向，应充分利用当地建材及习惯做法，使农民易于接受和掌握。同时，考虑采用沼气等技术，节约能耗，减少环境污染。

总之，从建立标准阶段，逐步健全标准阶段，到修改提高阶段，传统乡村民居的标准化是一个不断完善的长期的过程，需要进行阶段性的补充、修改，以适应不同时期发展的要求。

第二节　旅游地发展的政策响应对公共设施设计的影响

一、城乡共生：协调城乡等级格局和巢状网络化体系两条主线

在我国城市化和市场化进程中，在城市对资源的强大吸引力作用下，乡村长期处于生产要素净流出的弱势境况，乡村处于依附地位而缺乏经济自主，形成了乡村以城镇为中心布局的“中心—边缘”型结构，并且城市化战略也试图以“村村变城镇”的大幅减少乡村和农民数量方式来推进乡村的建设与发展。在中央实施“城市反哺乡村”“城乡统筹发展”的新政后，自上而下的乡村集中社区建设在一些地区快速展开，在城市规划实践领域，关注乡村新空间外在物质形态的变化，延用“城市型”规划方式来推进“新乡村”的建设。

乡村旅游地流动空间有两条主线——等级格局和巢状网络化体系。等级格局是在“中心城市—中小城镇—乡村”体系中，城镇作为旅游体系的功能中心，在“去中心化”的流动空间中不应该只关注“强职能中心”和“全职能中心”，过分强调旅游服务功能的区域辐射力，而是应该通过城乡统筹加快完善区域旅游支撑体系的建设，为大范围空间区域的乡村旅游地的可持续发展奠定坚实基础。着力改善乡村旅游基础设施，特别是贫困地区交通、通信、水电等基础设施建设力度。实施城乡一体化的社会养老、社会保障、失业就业、教育医疗、公共安全等社会发展政策。应改革阻碍生产力发展的制度障碍，立足于促进资本、人才、技术要素向乡村流动，消除阻碍城乡要素自由流动的体制约束，最终实现资源要素在城乡更广阔的空间范围内优化配置。而在巢状网络化体系中，乡村旅游地应该凸显大中城市所缺乏的生态资源和级差地租优势，以编织网络节点的角色融入区域发展当中。借助旅游业大力发展生态农业和在地经济，将第一产业与第二产业、第三产业的发展整合与融合起来，通过产加销一体化、在地化生产和在地化消费、自产自销等方式重建乡村与社会的联系；注重发展地方文化，促进不同社会行动者的文化认同感，重建乡土价值。乡村旅游地发展的重点和目标应转向城乡之间人流、物流、信息流、资金流、技术流等要素流动和旅游网、信息网、交通网形成的网络连接，通过流动与连接激发出自身的发展活力。

二、主客共享：实现乡村全域旅游和“多规合一”的统筹发展

乡村旅游地流动空间具有流动共享性，是以流动为存在前提，新农人与游客共同创造与分享的新空间形式。在乡村旅游地流动空间中，游客与新农人并不是非此即彼的关系，乡村旅游地的旅游产品生产与优质服务也不局限于外来的基于

旅游目的的游客，也包括内在的基于生活和休闲需求的乡村居民，乡村旅游地居民可以从本地旅游发展中享受优质美好的乡村生活。特别是在基于互联网的旅游共享经济场景中，强调游客在乡村旅游地的深度全程生活化体验，强调居民与游客之间的良好互动与融合。外来游客不仅观赏乡村当地的乡土景观与民风习俗，更要深度参与体验当地居民的生活方式和感受他们的生活态度，融入乡村的历史文化传统和日常生活环境中，可以与当地人一起共同分享乡村生活。

主客共享要求乡村旅游地改变依赖景区边缘提供服务功能或依靠古村落提供文化观光功能的单一发展模式，推动旅游发展方式向全城旅游的形式转变。通过全局性合理规划实现乡村旅游的全城化发展，使乡村不再是一个或某几个旅游吸引物或服务设施的集合，而是一个完整的、特色的综合吸引物和旅游功能空间，其价值与地位都是独特的，形成处处是景、时时可游的全城风貌，成为真正的美丽乡村，而不是单纯的美丽景点。

要实现乡村旅游地的全城化发展，有必要推动乡村旅游地规划与建设的“多规合一”。“多规合一”是指强化国民经济和社会发展规划、城乡规划、土地利用规划、生态环境保护规划、文化与生态旅游资源规划等多个规划的相互融合，融合到一个共同的规划平台上，实现一个共同的空间规划平台一本规划、一张蓝图，解决现有的这些规划自成体系、内容冲突、缺乏衔接协调等突出问题，对乡村旅游地而言，全城旅游的发展是建立在整体的乡村规划基础上的。乡村规划，不仅仅是乡村建设规划，还包括产业规划、社区组织规划、土地利用规划、旅游规划、文物保护规划、生态保育规划等，其本身内部就存在“多规合一”的要求。

乡村规划的“多规合一”实质上是不再将乡村工作的经济、社会、文化、生态等各个方面割裂开来，而是将生产、生活、生态和乡土特色作为一个整体进行统筹考虑、规划和实施。其核心在于实现乡村地区发展方向的转变，即从依托城市带动转向寻求乡村地区自身的内生发展动力；从以增长为主要导向转向既注重乡村经济发展又注重保育生态空间；从单一的产业链条转向乡村三次产业融合和产业联动化发展；从单一的城镇化发展模式，转向对乡村自身社会结构与乡土文化的重视，最终依托自身资源特色和生态基础，形成多元化、差异化的发展模式。浙江省一些县域基于“多规合一”的理念在乡村全城旅游发展方面做出了有益的尝试，并取得了一定的发展经验，为乡村旅游地实现全城旅游和“多规合一”的统筹发展提供了新的借鉴。

三、多元共存:激发乡村行动主体的文化自觉与文化融合创新

乡村旅游地流动空间将乡村地方空间与开放世界连成一体，乡村旅游地文化的发展将不再是各自封闭的，而是在相互影响中文化多元共存，除非这个地方

不发展旅游业。即便如此，工业化、互联网和移动社交媒体出现，多样化、民主化、大众社会等选择性，即使地处偏远的乡村，也受到不可避免的影响。因此，在围绕流动而构建的时代，不同文化的相互包容变得非常重要，融合创新发展成为不可逆的大趋势。乡村旅游地，乃至任何一个地区的发展，越来越取决于它所吸收外来文化的能力以及自我更新和创造创新的能力。

流动空间视角下，首先需要破除乡村旅游地文化“画地为牢”的封闭式保护观。实际上，不仅是乡村旅游地，目前我国乡村发展的整体困境是，村民亟待改变乡村的凋敝，希望自己的生活环境能像城市一样，或是急迫地进城逃离乡村，或是在城市赚取经济收入回乡建造新房子。这导致乡村大部分老房子已经空置，或老房子被拆掉改成现代的民居。而由于视野所限，村民大多粗放地建设农房，加上以政绩观导向的乡村建设（包括政绩观主导下的乡村旅游开发），对乡村建筑与自然生态造成严重破坏，加重传统乡土文化的坍塌。传统乡土文化只剩下在残存的老房子和古村落中，乡土文化的存续，不应建立在博物馆式的老房子或古村落保护中，建筑的生命因良好的使用和赋予感情的美化而永续，传统乡土的价值因生产生活的热爱和自然土地的尊重而传承。

因此，书中认同吴必虎教授（2016）的观点，面对不可逆、不可回避的现代化趋势，“乡村活化”是尽可能多地保留一些传统村落的物质基础及其非物质要素的重要途径。“乡村活化”是需要建设有生活气息的乡村旅游地，生活气息源于当地居民，也来源于新农人群体的生产、生活实践，以及在生产、生活实践中对乡村价值的自我认同感。而乡村价值的认同最为关键的是在于村民的文化自觉。在乡村旅游地流动空间的多元文化下，村民文化自觉不是传统农耕文化的简单回归，也不是乡村文化的城市化，而是村民在了解乡村传统与现实境况的前提下，对现有多样文化的理性认识和把握，进而促进和加强乡村文化选择、创造和转型的自觉性。在乡村旅游地，促进村民文化自觉的最好途径就是示范，以示范来带动模仿学习，进而促使村民对自己生活的认同及乡村价值的发现。“我们所设想以及正在做的，也是希望让乡亲们看到扎根于土地一样可以大有可为，一样也可以更好、更幸福地生活”。乡村旅游地的新农人精英群体，正是以其灵活、创新地实践乡村土地、房屋、生态的资源价值，依托流动与网络，发展尊重自然价值、根植地方知识的新型乡村旅游产业，创造人与人、人与自然之间的和谐，不但成为活化乡土的全新依靠，也以其自身的文化实践推进了乡村文化的启蒙与觉醒，增强了传统文化资源与社会现代化发展要求的共契与融合，成为网络信息社会促进村民文化觉醒的最佳示范。

其次，推动乡村旅游地文化融合创新。在流动空间中，知识创新是乡村旅游地发展的重要因素，知识创新源于多元性、开放性。谢飞帆（2013）认为，在创意经济时代，一个地方应勇于尝试各种新的变迁、新的潮流、新的合理的旅游规划，而不是拒绝。倘若拒绝，无疑不能发展；倘若容纳，就会产生活力与发展。因此，在乡村旅游地流动空间中，应以人员、资本、信息、技术的自由流动为基础，并依靠文化自觉运动塑造信息时代的乡村文化根基以及通过新农人精英群体智力资源的精准嵌入，实现乡村旅游地社会文化再生产能力的提升，进而促进传统文化与现代文化的融合、推陈出新以及有机叠加和集成创新。例如，在日本白川乡古村落，在维护生态资源，保持乡村原有的生产生活格局，传承地域文化，与自然相融的同时，为了迎合游客的居住习惯，在建筑外形不变的前提下，室内的布置设施可以满足都市人生活方式为标准，但仍保留一些可观赏的具有地域特点用具和饰品，让游客在住宿中感受乡村生活环境的淳朴。在我国台湾“白米木屐村”，居民在尊重传统手艺的基础上，对木屐功能进行改造和造型上的再设计，让它们更好地融入现在的生活。在传承传统技法的同时，也不忘记创意赋予木屐新生命，现今在馆方展示的木屐已结合彩绘、皮雕与木雕，将木屐转化为一种生活工艺品或创作的艺术品。这些创新都是合理自然地融入传统之中，让新参与的人在尊重传承乡村生活的同时，也能为其他更多人提供使用的功能，为这些逐渐消失的场所和技艺提供新的活力。

四、精英共治：推动乡村旅游地从社区参与到社区营造的转变

乡村旅游地流动空间是由新农人所发动、构想、决定和执行的，新农人精英空间更新了乡村旅游地节点，重塑了乡村旅游地经济社会文化活动和空间结构。

因此，在流动空间中的乡村旅游地建设应实现本地居民（包括本土新农人）和跨界新农人共同治理，推动乡村旅游地从社区参与到社区营造的转变。

社区参与是指旅游地当地居民或团体参与旅游业的发展决策、经营管理、环境保护以及参与旅游业经济收益分配。社区参与主要表现为基于旅游地社区居民视角的旅游地利益相关者之间的博弈，例如，在“当地（本土）人意识”与“外来者意识”上的文化冲突，在“为我所有”与“为我所管”资源对待问题上的矛盾，在“大区”与“小区”的社区管理中的矛盾等，体现了在博弈中居民争取自身权利的过程。社区营造也是社区参与的一种表现，社区营造植根于居民参与的土壤，但更强调社会行动者的共同体意识。在社区营造活动中，居民、团体、非营利组织与政府及其他开发主体的关系，从诉求和对抗发展到合作与协商。社区营造提供了改造地方的动力，尤其是乡村旅游地社区营造，是建设美丽乡村共同体的重要路径。在乡村旅游地社区的建设和改造过程中，乡村居民自身的力量是最关键因素。但是应该意识到，乡村旅游地社区的建设和改造必须以适应现代旅游消费需求的新文化、新观念、新知识和新技术作为依托和指导，而这样的思想

理念和知识创新在乡村地区往往是非常稀缺的，因此，乡村旅游地社区营造需要跨城乡、跨领域的各类专业机构和人士的帮助和推动。在专业机构和人士及居民的共同作用下，重塑乡村旅游地的乡村认同感和凝聚力，进而形成乡村社会的文化共同体意识，形成非家族亲缘性质的社会团体的归属感。只有如此，乡村旅游地社区才有可能形成自下而上的社区参与、居民自助和文化重建，最终让乡村旅游地社会行动者之间成为生命共同体。

因此，基于社区营造的乡村旅游地精英共治共有三个方面。一是乡村旅游地从规划设计到建设实施必须以新农人精英智力资源的嵌入为前提，也就是积极培育本土与引入跨界新农人精英，共同参与乡村旅游地发展，以他们所提供的智力资源保证规划和实施的科学性，为乡村旅游地发展奠定坚实的基础。同时，必须保证新农人精英在文化、创新方面的嵌入与乡村资源契合的精准性。二是作为社区营造最关键的因素，组织起来的乡村旅游地村民才能成为社区营造的真正主体。如果没有组织，村民就会掉入“原子化”“马铃薯”的陷阱。所以乡村旅游地村民需要组成乡村旅游协会、“农家乐”专业合作社、服务中心、旅游服务公司等规范化的乡村旅游专业合作组织，也需要新农人的联盟、社群等各种自组织的非正式机构。三是在我国乡村集体所有制的土地制度下，产权归属于分散的村民，开发者只能通过租用协议获取一定期限的使用权，协调成本比较高，而且容易产生信任危机。政府的介入可以解决村民与开发者之间的信任问题。因此，在目前这种特殊的土地制度下，政府是各方利益的重要协调者，是精英共治体系中的核心。但是政府的参与需要以制度创新为前提，应在制度层面划清各种村民和新农人组织与政府的职能边界。政府应摆脱“家长”角色，向服务型政府转变，向乡村旅游地产业发动者、平台建设者、创新推动者、生态资源保护者的角色转变。

参考文献

[1] 秦月花 . 乡村徒步旅游开发与乡村旅游设施优化——以桂林乡村徒步旅游为例 [J]. 桂林师范高等专科学校学报 , 2012, 26(3):54-57.

[2] 何鑫 , 周鑫 . 牡丹江市乡村旅游配套设施探析 [J]. 经济技术协作信息 , 2014(20):30.

[3] 葛全胜 , 宁志中 , 刘浩龙 . 旅游景区设施设计与管理 [M]. 北京： 中国旅游出版社 , 2009.

[4] 张春霞 , 甘巧林 . 广州市乡村旅游供给空间结构特征研究 [J]. 云南地理环境研究 , 2010, 22(6):69-75.

[5] 唐代剑, 过伟炯. 论乡村旅游对乡村基础设施建设的促进作用——以浙江藤头、诸葛、上城埭村为例[J]. 特区经济, 2009(11):155-157.

[6] 郑杰 , 周明勇 , 杨宗辉 , 等 . 河北乡村旅游公共基础设施 PPP 融资模式法治问题探讨 [J]. 中外企业家 , 2017(3):133.

[7] 王洪达 . 乡村旅游规划之旅游服务设施修建性详细规划初探——以云南西盟佤族村寨为例 [J]. 中国林业产业 , 2016(5):136-141.

[8] 叶云 . 苏州旅游型古村公共服务设施规划研究 [D]. 苏州： 苏州科技大学 , 2013.

[9] 徐闪闪 . 乡村旅游地形象对游客行为意愿影响研究 [D]. 杭州： 浙江大学 , 2012.

[10] 王立南 . 大连地区乡村旅游研究 [D]. 吉林： 吉林大学 , 2014.

[11] 张斌 . 新乡村示范点的乡村旅游机制研究——以望城县光明村为样本 [D]. 长沙： 中南林业科技大学 , 2011.

[12] 钟诚 . 乡村旅游目的地发展的农户参与意愿及行为影响机理研究 [D]. 长沙： 湖南师范大学 , 2017.

[13] 徐振明 , 荣玥芳 . 文化旅游区服务设施规划方法探讨 [J]. 山西建筑 , 2009, 35(25):51-52.

[14] 王珏. 长沙市望城区光明村乡村旅游开发现状、问题及对策研究[D]. 湘潭：湘潭大学, 2015.

[15] 吴挺可 . 西南地区乡村旅游度假区旅游地产化倾向规划控制对策研究——以大理海稍乡村旅游度假区为例 [D]. 重庆： 重庆大学 , 2015.

[16] 郭丽冰, 王明星. 广东省山区休闲农业与乡村旅游发展现状、存在问题及对策建议[J]. 广东农工商职业技术学院学报, 2018(1):70-75.

[17] 周聆灵，周法法．游客对乡村旅游形象的重视因素分析——以宁德地区乡村旅游为例 [J]. 福建农林大学学报（哲学社会科学版），2012, 15(2):73-77.

[18] 蒋贵川．旅游公路交通安全设施设计方法研究 [J]. 公路，2008(4):24-29.

[19] 怀劲梅．中心城市乡村旅游发展策略——以武汉市为例 [J]. 人民论坛，2011(14):106-107.

[20] 朱正杰．黑龙江省乡村旅游发展现状与对策研究 [J]. 对外经贸，2011(7):8-9.

[21] 王懿．基于游客感知的县域乡村旅游发展策略研究——以太仓乡村旅游为例 [J]. 无锡商业职业技术学院学报，2016, 16(6):24-28.

[22] 张运洋．陕西省乡村旅游者空间行为研究 [D]. 西安：长安大学，2014.

[23] 鲍青青．我国乡村旅游发展的现状及对策研究 [J]. 农业经济，2017(10):44-46.

[24] 王英利，梁圣蓉，陈为忠．新乡村建设背景下乡村旅游空间组织规划 [J]. 乡村经济，2008(5):41-44.

[25] 范春，李斌．基于景观生态学视角的乡村旅游空间规划探析 [J]. 经济地理，2009, 29(4):683-687.

[26] 姜辽，毛长义，张述林，等．乡村旅游空间规划设计的基础理论及实证分析——以重庆市为例 [J]. 水土保持通报，2009, 23(3):211-215.

[27] 唐永芳．湖南省乡村旅游空间布局及生态环境安全评价 [J]. 中国农业资源与区划，2018(5):33.

[28] 惠琳. 浙江省乡村旅游空间结构与发展特色研究——以41 个省内“中国乡村旅游模范村”为例[J]. 环球人文地理, 2017(16):155.

[29] 耿虹，宋子龙．资源型旅游小城镇公共服务设施配置探究 [J]. 城市规划，2013, 37(3):54-58.

[30] 张连欢．基于泛旅游理念下村庄公共服务设施优化研究——以安徽省为例 [D]. 合肥：合肥工业大学，2014.

[31] 任智超．皖南旅游型小城镇公共服务设施配置优化策略研究 [D]. 武汉：华中科技大学，2014.

[32] 李渊，林晓云，江和洲，等．基于旅游者空间行为特征的景区公厕优化配置——以鼓浪屿为例 [J]. 地理与地理信息科学，2017, 33(2):121-126.

[33] 吴兰卡．休闲旅游设施的概念与特征分析 [J]. 企业技术开发，2015, 34(32):133-134.

[34] 王嵘山．旅游设施与服务的标准知识 [J]. 中国质量与标准导报，2013(4):10-12.

[35] 陈婷婷，陆月圆．旅游小城镇公共资源配置的矛盾与优化——以神农架林区木鱼镇为例 [J]. 建筑与文化，2017(10):41-43.

[36] 李琼 . 旅游型小城镇景观设施建设研究 [J]. 乡村科技 , 2017(35):81-82.

[37] 杜嫣 . 文化遗产地旅游服务设施空间布局及优化研究——以平遥古城为例 [D]. 南京： 南京师范大学 , 2009.

[38] 宋涛 , 陈雪婷 , 陈才 . 基于聚集分形维数的旅游地域系统空间优化研究 [J]. 干旱区资源与环境 , 2017, 31(4):189-194.

[39] 耿虹 , 宋子龙 . 资源型旅游小城镇公共服务设施配置探究 [J]. 城市规划 , 2013, 37(3):54-58.

[40] 张盛楠 . 旅游景区公共基础设施建设管理的问题与对策 [J]. 考试周刊 , 2015(82):196.

[41] 白凯 , 马耀峰 , 游旭群 . 基于旅游者行为研究的旅游感知和旅游认知概念 [J]. 旅游科学 , 2008, 22(1):22-28.

[42] 余向洋 , 沙润 , 胡善风 , 等 . 基于旅游者行为的游客满意度实证研究——以屯溪老街为例 [J]. 消费经济 , 2008, 24(4):58-62.

[43] 唐代剑 , 翟媛 . 乡村旅游选择行为的年龄分异研究 [J]. 旅游学刊 , 2008, 23(10):68-71.

[44] 林明太 . 福建沿海地区乡村旅游游客旅游行为特征研究——以泉州双芹村旅游区为例 [J]. 中国农学通报 , 2010, 26(4):328-335.

[45] 杨军辉 , 李同昇 . 女性旅游者行为特征的传统社会观念传承与变迁分析——以赴桂林女性旅游者为例 [J]. 人文地理 , 2015(1):143-147.

[46] 彭黎君 . 川西古镇旅游服务设施评价体系研究 [D]. 成都： 西南交通大学 , 2012.

[47] 李娟 . 试论基础设施建设在旅游业发展中的作用 [J]. 烟台职业学院学报 , 2013, 19(1):52-54.

[48] 江明明 , 朱甜甜 , 吴佳怡 . 论旅游景区的公共设施设计 [J]. 艺术科技 , 2017, 30(1):35-38.

[49] 陈蕊 . 陕西旅游景区公共设施小品的特色化设计 [J]. 青春岁月 , 2013(18):84.